W0260356

Ertragstafeln

für reine und gleichartige Hochwaldbestände von Eiche, Buche Tanne, Fichte, Kiefer, grüner Douglasie und Lärche

von

Professor Dr. E. Gehrhardt
in Hann.-Münden

Zweite
vermehrte und verbesserte Auflage

Berlin
Verlag von Julius Springer
1930

ISBN-13: 978-3-642-89735-1   e-ISBN-13: 978-3-642-91592-5
DOI: 10.1007/978-3-642-91592-5

Vorwort.

Die im Nachstehenden abgedruckten Ertragstafeln sind von mir mit erläuterndem Text sämtlich in der Allgemeinen Forst= und Jagdzeitung (1922—1930) veröffentlicht worden. Ihre Herausgabe als Büchlein entsprach dem an mich herangetretenen Wunsche, sie in einer zum praktischen Gebrauch geeigneten Form zu vereinigen. Ersparnisrücksichten nötigten leider, die Zahlenreihen der Tafeln möglichst zu beschränken und auf Beigabe von Zeichnungen zu verzichten.

Die Ertragstafeln sind teils von mir selbständig auf Grundlage übernommener und eigener Aufnahmeergebnisse von Versuchsbeständen (so Tafel 6 und 7), teils in Anlehnung an Mittelwerte aufgestellt, die sich durch Verschmelzung von ausgeglichenen Zahlenreihen aus den neuesten Ertragstafeln namhafter Forscher ergeben haben. In jedem Fall wurden in weitgehendem Maße die physisch=mathematischen Gesetzmäßigkeiten benutzt, nach denen sich das Wachstum unserer Hauptholzarten im gleichalterigen und reinen Bestand im Rahmen anwendbarer Betriebsformen im allgemeinen vollzieht. Diese Gesetze, heute größtenteils erkannt und mit ziemlicher Schärfe mathematisch erfaßt, bilden eine äußerst wertvolle Grundlage für den Aufbau der Ertragszahlen. Sie allein ermöglichen es, die Zu= und Abnahme der einzelnen Glieder der Tafeln als Funktionen zeichnerisch und rechnerisch regelrecht darzustellen und die durch das vielfache Ineinandergreifen dieser Funktionen bedingte organische Gleichstimmung aller Zahlen bis ins kleinste durchzuführen. Eine Ertragstafel, die sich ihrer nicht in vollem Umfang bedient, muß notwendig Schwächen aufweisen.

Die zugrundegelegten, teilweise von mir selbst aufgefundenen Wachstumsgesetze sind in meinen bezüglichen Schriften[1] größtenteils eingehend behandelt. Es sei hier nur darauf hingewiesen, daß bei ihnen gleichseitige Hyperbel und Parabel und — als Näherungsmittel — arithmetische Reihen 1. bis 3. Ordnung die Hauptrolle spielen; ferner, daß der erste und zwar exakt mathematische Beweis für das Bestehen einer Wachstumsfunktion, nämlich der sehr wichtigen „den Verlauf der nach Grundflächenstufen aufgetragenen Formhöhen der Stärkestufen eines Bestandes als Ast einer gleichseitigen Hyperbel darstellenden", unserem großen Forstmathematiker G. Heyer zu verdanken ist, und daß in der Folgezeit R. Weber, Weise, Wimmenauer, Kopezky, Eichhorn, Schiffel, Urstadt, Hohenadl, Tischendorf, Hampel u. a. auf dem fraglichen Gebiet sich erfolgreich betätigt haben.

Wenn von mancher Seite, so z. B. von Dieterich und Künanz, den über das Wachstum ganzer Bestände aufgestellten Gesetzen — um solche handelt es sich hier allein — unbedingte Richtigkeit und Allgemeingültigkeit nicht zuerkannt wird, so ist dem entgegenzuhalten, daß die für diese Stellungnahme vorgebrachten Belege selbst — schon infolge der großen Schwierigkeiten umfassender Ertragsuntersuchungen — wohl nicht über jede Fehlerhaftigkeit erhaben sind, daß vielmehr gerade die teilweise sehr weitgehenden Unstimmigkeiten und Widersprüche in Hauptergebnissen der bisherigen verschiedenen Ertragsforschungen nicht rechtfertigen, an ihnen den Gebrauchswert von Gesetzmäßigkeiten zu messen, die sich bei tieferem Eindringen in dieses fesselnde Gebiet des Waltens der Natur auf Schritt und Tritt mit unverkennbarer Deutlichkeit offenbaren. Auf Grund der Abweichungen der bis jetzt vorliegenden Wachstumserkenntnisse ohne weiteres verschiedene für die Ertragsfähigkeit bedeutungsvolle Wuchsgebiete (Klimazonen) in Deutschland anzunehmen, scheint mir im allgemeinen weder tunlich

---

[1] „Die theoretische und praktische Bedeutung des arithmetischen Mittelstammes." Meiningen 1901; ferner Allg. Forst- u. Jagdzeitg. 1909, Aprilheft, 1921 Juli- u. Novemberheft, 1922 Augustheft, 1923 Aprilheft, 1924 August- u. Novemberheft, 1925 Juliheft, 1926 Januarheft, 1927 Augustheft, 1928 Novemberheft, 1930 Märzheft, Silva 1922 Nr. 37 und 1923 Nr. 14.

noch notwendig. Die Ertragsforschung hat, wie unsere Fachwissenschaft überhaupt, noch viel Unergründetes vor sich. Jede neue Ertragstafel kann und wird in der Regel vollkommener sein als die vorausgegangenen, und so betrachte ich auch die meinigen nur als kurzlebige Erzeugnisse einer Entwicklungsstufe.

Was die Bedeutung, den Zweck und die Anwendung von Ertragstafeln anlangt, kann ich auf die bezüglichen Ausführungen von Borgmann, Dieterich, Chr. Wagner, Wobst und meine eigenen verweisen. Ich hebe dabei hervor, daß auch Wagner die Ertragstafeln als das wichtigste Hilfsmittel der Ertragsregelung im gleichalterigen Hochwald betrachtet.

Auch heute noch gelten die allgemeinen Ertragstafeln gewöhnlich als sog. normale, d. h. hier ungefähr traumbildliche, und das hat viel dazu beigetragen, sie bei der Mehrzahl der Praktiker nicht gerade beliebt zu machen. Der einheitlich angenommene, in Wirklichkeit unklare und schwankende Normalitätsbegriff, wie er aus den bisherigen, meist nicht nach verschiedener Stammzahlhaltung gegliederten Tafeln hervorging, ist unhaltbar geworden. Wenn für die Aufzucht der reinen gleichmäßigen Bestände 3 bis 4 Grade der Durchforstung streng unterschieden werden, nämlich „schwach", „mäßig", „stark" und u. U. „sehr stark", so ergibt sich von selbst die Notwendigkeit, die Ertragstafeln dementsprechend zu gliedern. Jede Ertragstafel für eine bestimmte Durchforstungsstufe ist an und für sich normalmäßig, und damit der Begriff der Bestandsnormalität wandelbar. Da jede Ertragstafel normal im Sinne von „gut durchschnittlich", „mustergültig" sein soll, kann das Beiwort überhaupt wegbleiben.

Durch Gliederung der Tafeln in der beschriebenen Weise müssen sich die großen Unterschiede zwischen den Tafelansätzen und dem wirklichen Zustand für den einzelnen Bestand erheblich verringern. Die Ertragstafel wird um so brauchbarer, je mehr Gleichmaß zwischen dem ihr zugrundeliegenden und dem im Bestand angewendeten Durchforstungsverfahren besteht. Für die gegenwärtig vorhandenen älteren, meist unter schwacher, vielfach ungleichmäßiger, zielloser Durch-

forstung aufgewachſenen Beſtände werden ſich natur=
gemäß oft auch fernerhin große Abweichungen von den
tafelmäßigen Ertragszahlen ergeben. In ſolchen Fällen
erfordert die richtigſte Anwendung der Tafeln ein be=
ſonderes Maß ertragskundlicher Gewandtheit.

Die Anteile des bleibenden und des ausſcheidenden
Beſtands an der Geſamtmaſſenleiſtung ſind bei allen
Ertragstafeln verſchieden und vom Durchforſtungsgrad
abhängig. Hinſichtlich des Geſamtertrages gilt für mei=
ne Ertragstafeln das wichtige Geſetz, daß er innerhalb
der einzelnen Ertragsklaſſen eine Funktion der Be=
ſtandshöhe iſt. Da nun die Höhe — bei im übrigen
gleichen Verhältniſſen — mit der Stärke der Durch=
forſtung zunimmt, ſo weiſt für das gleiche Beſtands=
alter der ſtärker durchforſtete Beſtand auch die größere
Geſamtzuwachsleiſtung auf.

Maßgeblich für den Holzvorrat iſt bei gegebener
Standortsklaſſe die Beſtockungsdichte, als deren
beſter Maßſtab die Beſtandsgrundfläche (G) dient.
Die Stammzahl (N) an und für ſich ſpielt — ent=
gegen ihrer ſonſtigen großen Bedeutung — hierbei eine
verhältnismäßig geringe Rolle, denn die Produkte Ng
können innerhalb einer Ertragsklaſſe für recht verſchie=
dene Beträge von N (und dementſprechend auch von g)
dasſelbe G ergeben, und nicht ſelten hat ein ſchwach
durchforſteter, lückiger Beſtand (ich erinnere an die
Fichtenſtangen= und =baumhölzer in den Schneebruch=
lagen des Harzes und Thüringer Waldes) eine höhere
Stammzahl als die Ertragstafel und trotzdem lange
nicht die tafelmäßige Vollertragsziffer.

Ein unmittelbares, zuverläſſiges Anſprechen der
Größe G im Walde iſt leider ſehr ſchwer und deshalb
— zumal für den Mindergeübten — meiſt ein großes
Wagnis. In allen Fällen der Vorratserhebung, in
denen es auf Genauigkeit ankommt, muß daher die
Beſtandesgrundfläche durch Kluppung ermittelt wer=
den. Hiermit beſchränkt ſich aber gewöhnlich die Er=
tragstafel=Zuhilfenahme auf die Entnahme der Be=
ſtandesformzahl, ſofern man nicht vorzieht, die bleibende
Beſtandsmaſſe mittels einer Maſſentafel zu berechnen.
Immerhin iſt die Praxis, den ſtehenden Holzvorrat
nach Ertragstafeln abzuſchätzen, vor allem bei jüngeren

Beständen eine große, und wenn nicht auf unbedingte Zuverlässigkeit gesehen werden muß, kann bei einigermaßen regelmäßigen und regelrecht durchforsteten Beständen hierbei auch die Stammzahl — als Hilfsmittel zur Ansprechung der Bestockungsdichte — mit Nutzen verwendet werden, und zwar in einfachster Weise durch Auszählen der auf bestimmter Teilfläche stehenden Stämme. Geübte Forsteinrichter und Waldmakler können bekanntlich sowohl den Bestockungsgrad[1] als auch die Holzmasse je Hektar mittels des geschulten Augenmaßes häufig mit großer Sicherheit schätzen.

Schon wesentlich unentbehrlicher ist die Ertragstafel zur Veranschlagung der Vornutzungserträge, die in bestimmten bevorstehenden (zehnjährigen) Zeiträumen zu erwarten sind. Meist wird die auf dem Wege der Durchforstung ausscheidende Bestandesmasse aus dem Ansatz „Ertragstafelmäßige bleibende Masse : vorhandene bleibende Masse = ertragstafelmäßige Zwischennutzung : x" abgeleitet. Da bei diesem Verfahren nicht selten zu hohe Beträge für x herauskommen, kann es nützlich sein, zur Abgleichung tunlichst die wirklichen Anfälle der zurückliegenden Zeit in Betracht zu ziehen.

Die Ermittlung des laufenden Gesamtmassenzuwachses eines gleichartigen Bestands findet im allgemeinen weit zuverlässiger durch Benutzung der Ertragstafeln als durch besondere Einzelerhebungen statt, denn diese können nur ausnahmsweise einwandfrei ausfallen. Wer die bezüglichen Verhältnisse kennt, weiß, daß bei Anwendung des Zuwachsbohrers zur Ergründung des Massenzuwachses von Beständen am stehenden Holz nichts und am liegenden Holz sehr selten Brauchbares herauskommt. Es ist in der Regel schade um die mit solchen Versuchen aufgewendete Arbeit. Wenn wir auch hinsichtlich des Einflusses des Bestockungs- und Schlußgrades auf den Massenzuwachs der Bestände nur erst geringe zahlenmäßige Erfahrung besitzen, können wir doch die Ertragstafelangaben für den Zuwachs als Hilfsmittel zur Einschätzung des wirklichen Bestandszuwachses mannigfach noch besser ge-

---

[1] Der Künkeleschen Auslegung der Begriffe „Bestockungsgrad" und „Schlußgrad" kann ich mich leider nicht anschließen.

brauchen als das an einzelnen Stämmen unsicher ge=
wonnene, durch seine Umstellung auf den Massenzu=
wachs und seine Übertragung auf den Bestand noch
fragwürdiger gewordene Flächenzuwachsprozent.

Über die durch lichtere Bestockung bewirkte Erhöhung
des Zuwachses hat seinerzeit Geh. Oberforstrat Zetzsche
in Meiningen umfangreiche Untersuchungen ange=
stellt. Er ist dabei zu folgendem Ergebnis gelangt: Ist
die ertragstafelmäßige Masse des Bestandes M, das
zugehörige Zuwachsprozent p, die Masse des gegebe=
nen lichteren Bestandes M_1 und dessen (gesuchtes) Zu=
wachsprozent p_1, so gilt für Fichte, Tanne und
Buche

$$p_1 = p \left(\frac{M - M_1}{M} + 1 \right).$$

Oberforstrat Sommer, bis 1926 Leiter des Thü=
ringischen Forsteinrichtungsamtes, hat sich weiter mit
der Frage beschäftigt und bezüglich der Kiefer folgende
Erfahrungszahlen gefunden:

$$\text{Ist } \frac{M - M_1}{M} \text{ gleich} \begin{cases} 0{,}10 & \dots \dots \dots \\ 0{,}15 & \dots \dots \dots \\ 0{,}20 & \dots \dots \dots \\ 0{,}25 & \\ 0{,}30 & \text{so ist } p_1 = p \text{ mal} \\ 0{,}35 & \dots \dots \dots \\ 0{,}40 & \dots \dots \dots \\ 0{,}45 & \text{und mehr, } \dots \end{cases} \begin{cases} 1{,}02 \\ 1{,}03 \\ 1{,}05 \\ 1{,}07 \\ 1{,}10 \\ 1{,}16 \\ 1{,}25 \\ 1{,}40. \end{cases}$$

Ich habe die Zetzschesche Formel umgewandelt in:

$$p_1 = p \, (2 - b) \text{ und } Z_{red} = b \cdot Z \, (2 - b),$$

worin b den Bestockungsgrad und Z den Zuwachs be=
zeichnet. Diese beiden Ausdrücke sollen also für Fichte,
Tanne und Buche gelten.

Aus der Sommerschen Zahlenreihe leitete ich für
Kiefer und Eiche die Näherungsformel

$$Z_{red} = b \cdot Z \, (1{,}7 - 0{,}7 \cdot b) \text{ bzw. } p_1 = p \, (1{,}7 - 0{,}7 \cdot b)$$

her.

In diesen Formeln, für deren uneingeschränkte Rich=
tigkeit ich natürlich nicht aufkommen kann, ist erkennt=
lich, daß bei den Schattholzarten der Lichtstandszu=
wachs sich stärker auswirkt als bei den Lichtholzarten.
Die Grundlagen für ihre Ableitung sind aus schwach
oder mäßig durchforsteten Beständen gewonnen; der

Bestockungsgrad b darf sich daher nur auf solche Bestände beziehen.

Zum Schlusse noch einige Zahlenangaben über die durch unvollkommene Bestockungsdichte, Ernteverlust usw. bedingten Abzüge von den Ertragstafelzahlen. Ich benutze hierbei als Quelle Eberhard[1] mit dem ausdrücklichen Hinweis, daß ich die angegebenen Zahlen wiederum nur auf den schwachen, höchstens den mäßigen, Durchforstungsgrad anzuwenden rate.

Von sehr abnormen, zum Beispiel durch Schnee- und Duftbruch, Aushieb von Schwammbäumen u. dgl. hervorgerufenen Verhältnissen abgesehen, bei denen zuweilen Bestockungsgrade von unter 0,5 vorkommen, kann der für Lücken in der Bestockung zu machende Abzug beim Einzelbestand 5 bis 30%, für die Betriebsklasse 8 bis 20% der Masse ausmachen. Zu diesem Abzug an Vollertrag kommt derjenige für den sogenannten Ernte- und Buchungsverlust mit 5 bis 12% der wirklich vorhandenen Masse. Der Gesamtfehlbetrag stellt sich demnach auf etwa 10 bis 40% beim Einzelbestand und 12 bis 30% bei der Betriebsklasse. Das durchschnittliche Schlagergebnis im Verhältnis zum ertragstafelmäßigen Normalertrag wäre somit 0,70 bis 0,88. Für mittlere Verhältnisse kann man 0,73 bis 0,85 annehmen, für größere Staatsforstverwaltungen wird mit einer mittleren Reduktionsziffer von **0,75** gerechnet (3% allgemeiner Fehlbetrag, 7% Ernteverlust und 15% eigentlicher Bestockungsabgang). Aus diesen Zahlen geht die große Bedeutung einer möglichst genauen Ermittlung der Bestockungsdichte ohne weiteres hervor. Ist letztere — durch Kluppung — richtig bestimmt, so fallen die Bestockungsverluste in obigen Ansätzen natürlich fort, und es bleibt dann nur ein Betrag von etwa **10%**, um welche das aus der Ertragstafel hergeleitete Ergebnis, betreffe es bleibenden Bestand, Zwischennutzung oder Zuwachs, gekürzt werden muß. Denzin unterstellte für die Abtriebsbestände in Preußen einen durchschnittlichen Vollbestockungsgrad von 0,8; hierbei dürfte die Lückigkeit der ostelbischen Kiefernwaldungen sehr ins Gewicht gefallen sein. Nach meinen Erfahrungen möchte ich annehmen, daß im

---

[1] Allg. Forst- u. Jagdzeitg. 1912, S. 155.

großen Durchschnitt ein Bestockungsgrad von 0,85 bis 0,9 meiner Tafelansätze für schwache oder mäßige Durchforstung beim einigermaßen unbeschädigten Alt=holz vorhanden ist.

Hann.=Münden, im Januar 1930.

E. Gehrhardt.

großen Durchschnitt ein Bestockungsgrad von 0,85 bis 0,9 meiner Tafelansätze für schwache oder mäßige Durchforstung beim einigermaßen unbeschädigten Alt=holz vorhanden ist.

Hann.=Münden, im Januar 1930.

1. Eichen = Ertragstafel
für starke Durchforstung.

Aufgestellt auf Grundlage der Eichen = Ertragstafeln
von Wimmenauer (1913) und Schwappach (1920)
im Jahre 1922.

(Allgemeine Forst= und Jagdzeitung 1922, Augustheft.)

Alter	Stamm=		Mittel =				Holzmasse	
	Zahl	Grundfläche (Baumholz)	Höhe	Durchmesser	Derbholz=Formhöhe	Derbholz=Formzahl	Baumholz	Derbholz
		qm	m	cm		0,	fm	
10		10,8	3,3				22	
20	7700	16,1	8,1	5,2	1,6	198	81	21
30	2700	18,6	12,9	9,4	5,5	426	143	96
40	1310	19,4	16,9	13,7	8,2	485	192	157
50	765	19,8	20,0	18,1	10,1	505	230	199
60	500	20,0	22,4	22,5	11,55	514	260	231
70	356	20,2	24,5	26,9	12,7	520	284	257
80	263	20,3	26,2	31,3	13,75	526	305	279
90	207	20,4	27,7	35,6	14,7	530	323	299
100	169	20,5	29,1	39,3	15,5	533	340	317
110	144	20,5	30,3	42,8	16,2	535	355	333
120	125	20,6	31,4	46,0	16,8	536	369	347
130	110	20,6	32,4	49,0	17,4	537	381	359
140	99	20,7	33,25	51,8	17,9	539	391	370
150	90	20,7	34,0	54,4	18,4	540	400	380
160	82	20,7	34,65	57,0	18,8	541	408	389
170	75	20,8	35,2	59,4	19,1	542	415	397
180	70	20,8	35,7	61,7	19,4	543	422	404
190	65	20,8	36,2	64,0	19,7	544	428	410
200	61	20,8	36,6	66,2	20,0	545	433	415

Ertrags

Klasse I.

Ausscheid.-Bestand Baumholz (fm)	Ausscheid.-Bestand Derbholz (fm)	Gesamtertrag Baumholz (fm)	Gesamtertrag Derbholz (fm)	Durchschnitts-Zuwachs Baumholz (fm)	Durchschnitts-Zuwachs Derbholz (fm)	Laufender jährlicher Zuwachs Baumholz (fm)	Laufender jährlicher Zuwachs Derbholz (fm)	Prozent des laufenden Derbholzzuwachses	Alter
		22				6,9			10
10	4	91	25	4,5	1,2	11,8	10,0		20
56	25	209	125	7,0	4,2	13,1	12,0	7,2	30
82	59	340	245	8,5	6,1	12,2	11,3	5,1	40
84	71	462	358	9,2	7,2	11,0	10,1	4,0	50
80	69	572	459	9,5	7,7	10,0	9,2	3,3	60
76	66	672	551	9,6	7,9	9,3	8,5	2,8	70
72	63	765	636	9,5	8,0	8,6	7,9	2,5	80
68	59	851	715	9,4	7,9	8,0	7,4	2,2	90
63	56	931	789	9,3	7,9	7,4	6,9	1,9	100
59	53	1005	858	9,1	7,8	6,8	6,4	1,7	110
54	50	1073	922	8,9	7,7	6,2	5,9	1,5	120
50	47	1135	981	8,7	7,5	5,7	5,5	1,35	130
47	44	1192	1036	8,5	7,4	5,2	5,1	1,2	140
43	40	1244	1086	8,3	7,2	4,7	4,6	1,05	150
39	37	1291	1132	8,1	7,1	4,2	4,1	0,9	160
35	33	1333	1173	7,8	6,9	3,8	3,7	0,8	170
31	30	1371	1210	7,6	6,7	3,4	3,3	0,7	180
28	27	1405	1243	7,4	6,5	3,0	2,9	0,6	190
25	24	1435	1272	7,2	6,4				200
1002	857								

Ertrags

Alter	Bleibender Bestand							
	Stamm=		Mittel=				Holzmasse	
	Zahl	Grundfläche (Baumholz)	Höhe	Durchmesser	Derbholz-Formhöhe	Derbholz-Formzahl	Baumholz	Derbholz
		qm	m	cm		0,	fm	
10		9,2	2,4				13	
20	12910	14,2	5,85	3,7			52	
30	4860	17,0	9,4	6,7	2,7	287	99	40
40	2300	18,4	12,6	10,1	5,1	406	139	90
50	1300	19,1	15,3	13,7	7,0	456	172	130
60	825	19,5	17,55	17,3	8,4	481	200	163
70	575	19,8	19,55	20,9	9,7	497	224	190
80	426	19,95	21,25	24,6	10,8	508	245	214
90	324	20,1	22,75	28,2	11,7	514	264	235
100	253	20,2	24,1	31,9	12,5	518	280	253
110	202	20,25	25,35	35,5	13,2	521	295	269
120	171	20,3	26,45	38,8	13,8	523	308	282
130	148	20,35	27,4	41,9	14,4	526	320	294
140	130	20,4	28,2	44,7	14,9	528	330	305
150	116	20,4	28,9	47,3	15,3	529	338	314
160	105	20,45	29,55	49,8	15,7	531	345	322
170	96	20,5	30,1	52,2	16,0	532	352	329
180	88	20,5	30,55	54,5	16,3	533	358	335
190	82	20,55	31,0	56,7	16,6	534	364	341
200	76	20,6	31,4	58,8	16,8	535	369	347

Ausscheid.-Bestand Holzmasse		Gesamtertrag						Prozent des laufenden Derbholzzuwachses	Alter
				Durchschnitts-Zuwachs		Laufender jährlicher Zuwachs			
Baumholz	Derbholz	Baumholz	Derbholz	Baumholz	Derbholz	Baumholz	Derbholz		
fm		fm		fm		fm			

k l a s s e II.

Ausscheid. Baumholz	Ausscheid. Derbholz	Gesamt Baumholz	Gesamt Derbholz	Durchschn. Baumholz	Durchschn. Derbholz	Laufend. Baumholz	Laufend. Derbholz	Prozent	Alter
		13		1,3		3,9			10
		52		2,6		6,8			20
21	7	120	47	4,0	1,6	8,1	7,1		30
41	21	201	118	5,0	2,9	8,3	7,5		40
50	35	284	193	5,7	3,9	8,1	7,4	5,7	50
53	41	365	267	6,1	4,5	7,9	7,1	4,4	60
55	44	444	338	6,3	4,8	7,5	6,9	3,6	70
54	45	519	407	6,5	5,1	7,1	6,5	3,0	80
52	44	590	472	6,6	5,2	6,6	6,2	2,6	90
50	44	656	534	6,6	5,3	6,2	5,8	2,3	100
47	42	718	592	6,5	5,4	5,7	5,3	2,0	110
44	40	775	645	6,5	5,4	5,3	4,9	1,7	120
41	37	828	694	6,4	5,3	4,8	4,5	1,5	130
38	34	876	739	6,3	5,3	4,3	4,0	1,3	140
35	31	919	779	6,1	5,2	3,8	3,6	1,1	150
31	28	957	815	6,0	5,1	3,4	3,2	1,0	160
27	25	991	847	5,8	5,0	3,0	2,8	0,9	170
24	22	1021	875	5,7	4,9	2,7	2,5	0,8	180
21	19	1048	900	5,5	4,7	2,4	2,3	0,7	190
19	17	1072	923	5,4	4,6			0,6	200
703	576								

Alter	Bleibender Bestand						Holzmasse	
	Stamm-		Mittel-				Holzmasse	
	Zahl	Grundfläche (Baumholz)	Höhe	Durchmesser	DerbholzFormhöhe	DerbholzFormzahl	Baumholz	Derbholz
		qm	m	cm			fm	
						0,		
10		7,0	1,5				7	
20		11,2	3,6	2,5			24	
30	9470	14,2	5,9	4,4			54	
40	4940	16,3	8,3	6,5	1,7	205	86	23
50	2630	17,65	10,6	9,2	3,5	330	115	58
60	1570	18,5	12,7	12,3	5,2	409	140	92
70	1020	19,0	14,6	15,4	6,5	445	163	121
80	715	19,3	16,3	18,5	7,6	469	184	146
90	523	16,5	17,8	21,7	8,65	485	203	168
100	403	19,7	19,15	25,0	9,5	494	220	187
110	320	19,9	20,4	28,2	10,2	500	235	204
120	258	20,0	21,5	31,4	10,85	505	248	218
130	217	20,05	22,4	34,4	11,4	509	259	230
140	187	20,1	23,2	37,1	11,9	513	269	240
150	164	20,2	23,85	39,7	12,3	516	277	249
160	146	20,2	24,45	42,0	12,7	518	284	257
170	132	20,2	25,0	44,3	13,0	519	290	264
180	120	20,25	25,4	46,4	13,2	520	295	269
190	110	20,3	25,8	48,5	13,45	521	300	274
200	102	20,3	26,2	50,5	13,7	522	304	278

Ertrags

Ausscheid.-Bestand Holzmasse		Gesamtertrag		Durchschnitts- Zuwachs		Laufender jährlicher Zuwachs		Prozent des laufenden Derbholzzuwachses	Alter
Baumholz	Derbholz	Baumholz	Derbholz	Baumholz	Derbholz	Baumholz	Derbholz		
fm		fm		fm		fm			

Klasse III.

Ausscheid.-Bestand Baumholz	Derbholz	Gesamt Baumholz	Derbholz	Durchschn. Baumholz	Derbholz	Lauf. Baumholz	Derbholz	Prozent	Alter
		7		0,7		1,7			10
		24		1,2		3,0			20
		54		1,8		4,2			30
10	3	96	26	2,4	0,7	5,1	4,3		40
22	8	147	69	2,9	1,4	5,5	5,0		50
30	16	202	119	3,4	2,0	5,8	5,2	5,7	60
35	23	260	171	3,7	2,4	5,9	5,3	4,4	70
38	28	319	224	4,0	2,8	5,7	5,2	3,6	80
38	30	376	276	4,2	3,1	5,5	5,0	3,0	90
38	31	431	326	4,3	3,3	5,1	4,7	2,5	100
36	30	482	373	4,4	3,4	4,7	4,3	2,1	110
34	29	529	416	4,4	3,5	4,2	3,9	1,8	120
31	27	571	455	4,4	3,5	3,8	3,5	1,5	130
28	25	609	490	4,3	3,5	3,3	3,1	1,3	140
25	22	642	521	4,3	3,5	2,9	2,8	1,1	150
22	20	671	549	4,2	3,4	2,6	2,5	0,95	160
20	18	697	574	4,1	3,4	2,3	2,2	0,8	170
18	17	720	596	4,0	3,3	2,1	2,0	0,7	180
16	15	741	616	3,9	3,2	1,9	1,8	0,65	190
15	14	760	634	3,8	3,2			0,6	200
456	356								

2. Buchen-Ertragstafel
für verschiedene Durchforstungsgrade
von 1930.

(Allgemeine Forst- und Jagdzeitung 1930, Märzheft.)

Alter	Stamm=		Des Mittelstammes							Holzmasse	
	Zahl	Grundfläche (Baumholz)	Höhe	Durchmesser	Derbholz-Formhöhe	Derbholz-Formzahl	Baumholz-masse	Derbholz-masse	Kronenbreite	Baumholz	Derbholz
		qm	m	cm			fm	fm	m	fm	fm

Ertragsklasse I.

Alter	Zahl	Grundfläche	Höhe	Durchmesser	Derbholz-Formhöhe	Derbholz-Formzahl	Baumholz-masse	Derbholz-masse	Kronenbreite	Baumholz	Derbholz
10	—	5,6	2,2	1,0	—	—	—	—	—	12	—
20	—	12,8	6,2	4,3	—	—	—	—	—	57	. 9
30	3450	19,1	10,7	8,4	—	—	0,03	0,015	1,8	127	61
40	1910	24,2	15,1	12,7	—	—	0,105	0,08	2,4	214	156
50	1240	28,2	19,1	17,0	9,0	0,468	0,245	0,20	3,0	308	251
60	895	31,3	22,6	21,1	10,8	0,476	0,445	0,375	3,6	399	337
70	685	33,6	25,6	25,0	12,3	0,480	0,70	0,60	4,1	481	413
80	545	35,2	28,2	28,65	13,6	0,485	1,01	0,88	4,6	552	480
90	448	36,2	30,35	32,05	14,9	0,491	1,365	1,20	5,1	613	539
100	377	36,8	32,1	35,2	16,0	0,500	1,76	1,565	5,5	665	590
110	323	37,0	33,5	38,2	17,1	0,511	2,19	1,96	6,0	709	634
120	281	37,1	34,6	41,0	18,1	0,523	2,65	2,39	6,4	746	672

Ertragsklasse I.

Alter	Zahl	Grundfläche	Höhe	Durchmesser	Derbholz-Formhöhe	Derbholz-Formzahl	Baumholz-masse	Derbholz-masse	Kronenbreite	Baumholz	Derbholz
10	—	5,6	2,2	1,0	—	—	—	—	—	15	—
20	—	12,8	6,25	4,35	—	—	—	—	—	59	9
30	3350	19,05	10,8	8,55	—	—	—	—	1,8	130	63
40	1795	23.8	15,25	13,0	—	—	0,12	0,085	2,5	216	157
50	1130	27,2	19,3	17,5	9,05	0,469	0,27	0,215	3,2	304	246
60	783	29,65	22,9	21,95	10,95	0,477	0,495	0,41	3,9	387	324
70	579	31,35	26,0	26,25	12,5	0,482	0,795	0,675	4,5	459	392
80	446	32,45	28,7	30,4	13,95	0,486	1,17	1,01	5,1	522	452
90	356	33,1	31,0	34,4	15,25	0,492	1,615	1,41	5,7	575	504
100	291	33,45	32,85	38,25	16,45	0,500	2,135	1,88	6,3	621	549
110	243	33,55	34,3	41,95	17,55	0,511	2,72	2,415	6,9	661	588
120	207	33,6	35,45	45,5	18,5	0,523	3,355	3,005	7,5	695	622

| Ausscheid.-Bestand Holzmasse | | Gesamtertrag Holzmasse | | Durchschn.-Zuwachs Holz | | Laufender Zuwachs Holz | | Prozent des laufdn. Derbholzzuwachses | Alter |
| Baumholz | Derbholz | Baumholz | Derbholz | Baum- | Derb- | Baum- | Derb- | | |
fm	fm	fm	fm	fm	fm	fm	fm		

A. Schwache Durchforstung.

Baumholz	Derbholz	Baumholz	Derbholz	Baum-	Derb-	Baum-	Derb-	Prozent	Alter
—	—	12	—	1,2	—	1,2			10
3	—	60	9	3,0	0,5	4,8	0,9	—	20
16	—	146	61	4,9	2,0	8,6	5,2	18,2	30
31	16	264	172	6,6	4,3	11,8	11,1	8,1	40
45	32	403	299	8,1	6,0	13,9	12,7	5,2	50
54	44	548	429	9,1	7,2	14,5	13,0	3,8	60
60	51	690	556	9,9	7,9	14,2	12,7	2,9	70
62	54	823	677	10,3	8,5	13,3	12,1	2,4	80
61	54	945	790	10,5	8,8	12,2	11,3	1,9	90
60	53	1057	894	10,6	8,9	11,2	10,4	1,6	100
57	51	1158	989	10,5	9,0	10,1	9,5	1,3	110
53	46	1248	1073	10,4	8,9	9,0	8,4	1,1	120
502	401								

B. Mäßige Durchforstung.

Baumholz	Derbholz	Baumholz	Derbholz	Baum-	Derb-	Baum-	Derb-	Prozent	Alter
—	—	15	—	1,5	—	1,5			10
5	—	64	9	3,2	0,5	4,9	0,9	—	20
18	—	153	63	5,1	2,1	8,9	5,4	18,1	30
36	20	275	177	6,9	4,4	12,2	11,4	8,2	40
54	40	417	306	8,3	6,1	14,2	12,9	5,4	50
65	56	565	440	9,4	7,3	14,8	13,4	4,1	60
76	66	713	574	10,2	8,2	14,8	13,4	3,3	70
80	70	856	704	10,7	8,8	14,3	13,0	2,7	80
83	72	992	828	11,0	9,2	13,6	12,4	2,3	90
80	73	1118	946	11,2	9,5	12,6	11,8	2,0	100
76	70	1234	1055	11,2	9,6	11,6	10,9	1,7	110
71	65	1339	1154	11,2	9,6	10,5	9,9	1,5	120
644	532								

					Bleibender Bestand						
	Stamm-		Des Mittelstammes							Holzmasse	
Alter	Zahl	Grundfläche (Baumholz)	Höhe	Durchmesser	Derbholz-Formhöhe	Derbholz-Formzahl	Baumholz-masse	Derbholz-masse	Kronenbreite	Baumholz	Derbholz
		qm	m	cm			fm	fm	m	fm	fm

Ertragsklasse I.

Alter	Zahl	Grundfläche (Baumholz) qm	Höhe m	Durchmesser cm	Derbholz-Formhöhe	Derbholz-Formzahl	Baumholz-masse fm	Derbholz-masse fm	Kronenbreite m	Baumholz fm	Derbholz fm
10	—	5,6	2,2	1,0	—	—	—	—	—	17	—
20	—	12,8	6,3	4,4	—	—	—	—	—	62	9
30	3200	19,0	10,9	8,7	—	—	—	—	1,9	132	65
40	1680	23,4	15,4	13,3	—	—	0,13	0,095	2,6	218	157
50	1030	26,2	19,5	18,0	9,3	0,476	0,29	0,235	3,3	301	240
60	685	28,0	23,2	22,8	11,2	0,481	0,545	0,455	4,1	374	311
70	490	29,1	26,4	27,5	12,8	0,484	0,89	0,76	4,9	437	371
80	365	29,7	29,2	32,2	14,25	0,489	1,345	1,16	5,6	491	423
90	281	29,9	31,6	36,8	15,65	0,495	1,91	1,665	6,4	537	468
100	224	30	33,6	41,3	16,9	0,503	2,58	2,26	7,2	577	507
110	183	30	35,15	45,7	18,0	0,513	3,34	2,955	7,9	611	541
120	153	30	36,3	50,0	19,0	0,524	4,19	3,73	8,7	641	571

Ertragsklasse I.

Alter	Zahl	Grundfläche (Baumholz) qm	Höhe m	Durchmesser cm	Derbholz-Formhöhe	Derbholz-Formzahl	Baumholz-masse fm	Derbholz-masse fm	Kronenbreite m	Baumholz fm	Derbholz fm
10	—	5,6	2,2	1,2	—	—	—	—	—	18	—
20	7000	12,8	6,8	5,4	—	—	—	—	—	63	11
30	2155	19,0	11,8	10,6	—	—	0,065	0,04	2,3	143	88
40	1110	22,9	16,5	16,2	—	—	0,20	0,15	3,2	226	169
50	670	25,0	20,8	21,8	9,7	0,465	0,445	0,36	4,2	303	242
60	448	26,2	24,6	27,3	11,7	0,476	0,82	0,685	5,1	372	307
70	321	27,0	27,9	32,7	13,5	0,484	1,34	1,135	6,0	434	365
80	243	27,5	30,8	38,0	15,1	0,491	2,015	1,72	6,9	488	416
90	189	27,8	33,3	43,2	16,6	0,498	2,83	2,44	7,8	535	461
100	152	27,9	35,3	48,3	17,9	0,506	3,77	3,28	8,7	575	500
110	126	28	36,9	53,2	19,0	0,516	4,82	4,23	9,6	608	533
120	106	28	38,0	57,9	20,0	0,527	5,99	5,29	10,5	635	561

Ausscheid. Bestand		Gesamtertrag						Prozent des laufdn. Derbholzzuwachses	Alter
Holzmasse		Holzmasse		Durchschn.		Laufender			
				Zuwachs		Zuwachs			
Baumholz	Derbholz	Baumholz	Derbholz	Baum-Holz	Derb-Holz	Baum-Holz	Derb-Holz		
fm	fm	fm	fm	fm	fm	fm	fm		

C. Starke Durchforstung

Baumholz	Derbholz	Baumholz	Derbholz	Baum-	Derb-	Baum-	Derb-	Prozent	Alter
—	—	17	—	0,2	—	1,7	—	—	10
7	—	69	9	3,0	0,5	5,2	0,9	—	20
21	—	160	65	5,3	2,2	9,1	5,6	—	30
40	24	256	181	7,2	4,5	12,6	11,6	8,4	40
61	49	430	313	8,6	6,3	14,4	13,2	5,8	50
79	68	582	451	9,7	7,5	15,2	13,8	4,5	60
91	80	736	591	10,5	8,4	15,4	14,0	3,7	70
99	87	889	730	11,1	9,1	15,3	13,9	3,2	80
102	91	1037	866	11,5	9,6	14,8	13,6	2,8	90
102	92	1179	997	11,8	10,0	14,2	13,1	2,4	100
100	89	1313	1120	11,9	10,2	13,4	12,3	2,1	110
93	83	1436	1233	11,9	10,3	12,3	11,3	1,8	120
795	662								

D. Sehr starke Durchforstung.

Baumholz	Derbholz	Baumholz	Derbholz	Baum-	Derb-	Baum-	Derb-	Prozent	Alter
—	—	18	—	1,8	--	1,8	—	—	10
6	—	69	11	3,5	0,6	5,1	1,1	—	20
23	2	172	90	5,7	3,0	10,3	7,9	—	30
54	43	309	214	7,7	5,4	13,7	12,4	8,3	40
80	68	466	355	9,3	7,1	15,7	14,1	6,2	50
99	86	634	506	10,6	8,3	16,8	15,1	5,1	60
111	98	807	662	11,5	9,5	17,3	15,6	4,3	70
120	107	981	820	12,3	10,3	17,4	15,8	3,8	80
125	112	1153	977	12,8	10,9	17,2	15,7	3,3	90
127	114	1320	1130	13,2	11,3	16,7	15,3	2,9	100
125	112	1478	1275	13,4	11,6	15,8	14,5	2,5	110
118	103	1623	1406	13,5	11,7	14,5	13,1	2,2	120
988	845								

Alter	Stamm- Zahl	Stamm- Grundfläche (Baumholz) qm	Des Mittelstammes Höhe m	Des Mittelstammes Durchmesser cm	Des Mittelstammes Derbholz Formhöhe	Des Mittelstammes Derbholz Formzahl	Des Mittelstammes Baumholzmasse fm	Des Mittelstammes Derbholzmasse fm	Des Mittelstammes Kronenbreite m	Holzmasse Baumholz fm	Holzmasse Derbholz fm
					Ertragsklasse II.						
10	—	2,8	1,8	0,4	—	—	—	—	—	9	—
20	—	10,3	5,1	3,05	—	—	—	—	—	44	5
30	5420	16,8	9,0	6,45	—	—	0,02	—	1,4	101	36
40	2745	22,0	12,85	10,2	—	—	0,065	0,04	2,0	173	109
50	1695	26,1	16,4	14,0	7,3	0,450	0,15	0,11	2,6	252	190
60	1190	29,3	19,5	17,7	9,0	0,463	0,275	0,22	3,1	329	265
70	898	31,7	22,25	21,2	10,5	0,472	0,44	0,37	3,6	399	332
80	707	33,3	24,6	24,5	11,8	0,480	0,645	0,555	4,0	461	392
90	575	34,4	26,6	27,6	12,9	0,487	0,89	0,775	4,5	515	445
100	480	35,0	28,25	30,45	14,0	0,497	1,17	1,025	4,9	561	491
110	408	35,2	29,6	33,15	15,05	0,508	1,47	1,30	5,3	600	530
120	353	35,3	30,65	35,7	15,95	0,520	1,79	1,595	5,7	632	563
					Ertragsklasse II.						
10	—	2,8	1,8	0,4	—	—	—	—	—	9	—
20	—	10,3	5,1	3,05	—	—	—	—	—	44	5
30	4940	16,8	9,0	6,6	—	—	0,02	—	1,5	103	38
40	2540	21,8	12,9	10,4	—	—	0,065	0,045	2,1	175	113
50	1550	25,45	16,55	14,45	7,5	0,455	0,16	0,12	2,7	250	191
60	1050	28,05	19,75	18,45	9,25	0,469	0,305	0,245	3,3	322	260
70	763	29,85	22,55	22,3	10,75	0,477	0,505	0,42	3,9	385	321
80	582	31,0	25,0	26,05	12,05	0,483	0,755	0,64	4,4	440	374
90	458	31,65	27,1	29,65	13,25	0,490	1,065	0,915	5,0	488	420
100	372	32,0	28,8	33,15	14,4	0,499	1,425	1,235	5,6	529	460
110	308	32,1	30,2	36,45	15,4	0,509	1,83	1,605	6,1	563	494
120	260	32,15	31,3	39,65	16,25	0,520	2,275	2,01	6,7	592	523

Ausscheid. Bestand Holzmasse		Gesamtertrag Holzmasse		Gesamtertrag Durchschn. Zuwachs		Gesamtertrag Laufender Zuwachs		Prozent des laufbn. Derbholzzuwachses	Alter
Baumholz	Derbholz	Baumholz	Derbholz	Baum-Holz	Derb-Holz	Baum-Holz	Derb-Holz		
fm	fm	fm	fm	fm	fm	fm	fm		

A. Schwache Durchforstung.

Baumholz	Derbholz	Baumholz	Derbholz	Baum-Holz	Derb-Holz	Baum-Holz	Derb-Holz	Prozent	Alter
—	—	9	—	0,9	—	0,9	—	—	10
1	—	45	5	2,3	0,2	3,6	0,5	—	20
9	—	111	36	3,7	1,2	6,6	3,1	—	30
21	7	204	116	5,1	2,9	9,3	8,0	9,4	40
33	21	316	218	6,3	4,4	11,2	10,2	5,7	50
43	33	436	326	7,3	5,4	12,0	10,8	4,0	60
50	40	556	433	7,9	6,2	12,0	10,7	3,1	70
53	43	671	536	8,4	6,7	11,5	10,3	2,5	80
52	44	777	633	8,6	7,0	10,6	9,7	2,0	90
51	43	874	722	8,7	7,2	9,7	8,9	1,6	100
49	42	962	803	8,7	7,3	8,8	8,1	1,3	110
46	38	1039	874	8,7	7,3	7,8	7,1	1,1	120
408	311								

B. Mäßige Durchforstung.

Baumholz	Derbholz	Baumholz	Derbholz	Baum-Holz	Derb-Holz	Baum-Holz	Derb-Holz	Prozent	Alter
—	—	9	—	0,9	—	0,9	—	—	10
2	—	46	5	2,3	0,3	3,7	0,5	—	20
10	—	115	38	3,8	1,3	6,9	3,3	21,3	30
25	6	212	119	5,3	3,0	9,7	8,1	9,3	40
40	27	327	224	6,5	4,5	11,5	10,5	5,8	50
52	42	451	335	7,5	5,6	12,4	11,1	4,3	60
62	52	576	448	8,2	6,4	12,5	11,3	3,4	70
67	56	698	557	8,7	7,0	12,2	10,9	2,8	80
68	58	814	661	9,0	7,4	11,6	10,4	2,3	90
66	57	921	758	9,2	7,6	10,7	9,7	1,9	100
62	55	1017	847	9,2	7,7	9,6	8,9	1,6	110
56	50	1102	926	9,2	7,7	8,5	7,9	1,3	120
510	403								

Alter	Stamm=		Des Mittelstammes							Holzmasse	
	Zahl	Grundfläche (Baumholz)	Höhe	Durchmesser	Derbholz-Formhöhe	Derbholz-Formzahl	Baumholz-masse	Derbholz-masse	Kronenbreite	Baumholz	Derbholz
		qm	m	cm			fm	fm	m	fm	fm

Ertragsklasse II.

Alter	Zahl	Grundfläche	Höhe	Durchmesser	Derbholz-Formhöhe	Derbholz-Formzahl	Baumholz-masse	Derbholz-masse	Kronenbreite	Baumholz	Derbholz
10	—	2,8	1,8	0,4	—	—	—	—	—	8	—
20	—	10,3	5,1	3,05	—	—	—	—	—	45	5
30	4760	16,8	9,0	6,7	—	—	0,02	—	1,5	104	40
40	2400	21,6	13,0	10,7	—	—	0,07	0,05	2,2	177	117
50	1420	24,8	16,7	14,9	—	—	0,175	0,135	2,8	249	191
60	924	26,8	20,0	19,2	9,5	0,473	0,34	0,275	3,5	315	255
70	651	28,0	22,85	23,4	11,0	0,479	0,57	0,475	4,2	372	309
80	480	28,7	25,4	27,6	12,35	0,485	0,875	0,74	4,9	421	355
90	363	28,9	27,6	31,75	13,6	0,492	1,265	1,085	5,6	463	394
100	288	29	29,4	35,8	14,75	0,501	1,72	1,485	6,3	498	428
110	234	29	30,9	39,75	15,8	0,510	2,255	1,96	7,0	528	458
120	194	29	32,1	43,6	16,7	0,521	2,855	2,495	7,7	554	484

Ertragsklasse III.

Alter	Zahl	Grundfläche	Höhe	Durchmesser	Derbholz-Formhöhe	Derbholz-Formzahl	Baumholz-masse	Derbholz-masse	Kronenbreite	Baumholz	Derbholz
10	—	—	1,35	—	—	—	—	—	—	6	—
20	—	7,8	4,05	2,0	—	—	—	—	—	30	2
30	—	14,4	7,3	4,75	—	—	—	—	—	74	19
40	3970	19,7	10,6	7,95	—	—	0,03	0,02	1,7	132	72
50	2380	23,9	13,7	11,3	—	—	0,08	0,06	2,2	196	137
60	1625	27,2	16,45	14,6	7,4	0,450	0,16	0,125	2,7	260	201
70	1190	29,6	18,9	17,8	8,8	0,465	0,27	0,22	3,1	320	260
80	917	31,3	21,05	20,85	10,0	0,475	0,41	0,34	3,5	374	313
90	737	32,5	22,9	23,7	11,05	0,482	0,57	0,485	4,0	421	359
100	610	33,1	24,45	26,3	12,05	0,493	0,755	0,655	4,3	461	399
110	516	33,4	25,7	28,7	12,95	0,504	0,955	0,84	4,7	495	433
120	447	33,5	26,7	30,9	13,8	0,517	1,17	1,035	5,1	523	462

Ausscheid. Bestand		Gesamtertrag						Prozent des laufdn. Derbholzzuwachses	Alter
Holzmasse		Holzmasse		Durchschn.-Zuwachs		Laufender Zuwachs			
Baumholz	Derbholz	Baumholz	Derbholz	Baum-Holz	Derb-Holz	Baum-Holz	Derb-Holz		
fm	fm	fm	fm	fm	fm	fm	fm		

C. Starke Durchforstung.

Baumholz	Derbholz	Baumholz	Derbholz	Baum-	Derb-	Baum-	Derb-	Prozent	Alter
—	—	8	—	0,8	—	0,8	—	—	10
2	—	47	5	2,4	0,3	3,9	0,5	—	20
13	—	119	40	4,0	1,3	7,2	3,5	—	30
28	7	220	124	5,5	3,1	10,1	8,4	9,0	40
46	31	338	229	6,8	4,6	11,8	10,5	6,0	50
62	50	466	343	7,8	5,7	12,8	11,4	4,6	60
74	63	597	460	8,5	6,6	13,1	11,7	3,8	70
80	70	726	576	9,1	7,2	12,9	11,6	3,2	80
82	73	850	688	9,4	7,6	12,4	11,2	2,7	90
81	72	966	794	9,7	7,9	11,6	10,6	2,3	100
77	68	1073	891	9,7	8,1	10,7	9,7	1,9	110
69	59	1168	977	9,8	8,2	9,5	8,6	1,6	120
614	493								

A. Schwache Durchforstung.

Baumholz	Derbholz	Baumholz	Derbholz	Baum-	Derb-	Baum-	Derb-	Prozent	Alter
—	—	6	—	0,6	—	0,6	—	—	10
—	—	30	2	1,5	0,1	2,4	0,2	—	20
4	—	78	19	2,6	0,6	4,8	1,7	—	30
12	—	148	72	3,7	1,8	7,0	5,3	10,8	40
23	12	235	149	4,7	3,0	8,7	7,7	6,3	50
33	22	332	235	5,5	3,9	9,7	8,6	4,3	60
39	28	431	322	6,2	4,6	9,9	8,7	3,3	70
43	32	528	407	6,6	5,1	9,7	8,5	2,6	80
43	34	618	487	6,9	5,4	9,0	8,0	2,1	90
42	34	700	561	7,0	5,6	8,2	7,4	1,7	100
41	33	775	628	7,0	5,7	7,5	6,7	1,4	110
37	30	840	687	7,0	5,7	6,5	5,9	1,1	120
317	225								

	Bleibender Bestand									Holzmasse	
Alter	Stamm-		Des Mittelstammes								
	Zahl	Grundfläche (Baumholz)	Höhe	Durchmesser	Derbholz-Formhöhe	Derbholz-Formzahl	Baumholz-masse	Derbholz-masse	Kronenbreite	Baumholz	Derbholz
		qm	m	cm			fm	fm	m	fm	fm
									Ertragsklasse III.		
10	—	—	1,35	—	—	—	—	—	—	4	—
20	—	7,8	4,05	2,0	—	—	—	—	—	29	2
30	—	14,5	7,35	4,85	—	—	—	—	—	76	20
40	3815	19,75	10,7	8,1	—	—	0,035	0,02	1,7	135	75
50	2220	23,65	13,85	11,65	—	—	0,09	0,065	2,3	198	141
60	1460	26,45	16,75	15,2	7,65	0,456	0,175	0,135	2,8	259	202
70	1030	28,3	19,25	18,7	9,05	0,470	0,30	0,245	3,3	315	256
80	771	29,5	21,45	22,1	10,25	0,477	0,47	0,390	3,9	364	302
90	598	30,2	23,35	25,35	11,35	0,485	0,675	0,57	4,4	406	342
100	481	30,55	24,95	28,45	12,35	0,495	0,92	0,785	4,9	442	377
110	396	30,65	26,2	31,4	13,25	0,506	1,19	1,03	5,4	472	407
120	334	30,7	27,2	34,2	14,05	0,518	1,485	1,295	5,9	497	432
									Ertragsklasse III.		
10	—	—	1,35	0,1	—	—	—	—	—	1	—
20	—	7,8	4,05	2,0	—	—	—	—	—	29	2
30	—	14,6	7,35	4,9	—	—	—	—	—	77	21
40	3660	19,8	10,8	8,3	—	—	0,04	0,02	1,8	138	77
50	2070	23,4	14,05	12,0	—	—	0,10	0,07	2,4	201	143
60	1310	25,7	17,0	15,8	7,8	0,458	0,20	0,15	2,9	260	200
70	898	27,0	19,6	19,55	9,2	0,469	0,345	0,275	3,6	311	248
80	650	27,7	21,85	23,3	10,45	0,477	0,545	0,445	4,2	355	289
90	487	27,9	23,8	27,0	11,6	0,487	0,80	0,665	4,9	393	324
100	381	28	25,4	30,6	12,65	0,497	1,11	0,93	5,5	425	354
110	307	28	26,7	34,1	13,55	0,508	1,47	1,24	6,1	451	380
120	254	28	27,7	37,5	14,4	0,519	1,87	1,59	6,7	474	403

| Ausscheid. Bestand Holzmasse | | Gesamtertrag Holzmasse | | Gesamtertrag Durchschn.-Zuwachs Holz | | Gesamtertrag Laufender Zuwachs Holz | | Prozent des laufdn. Derbholzzuwachses | Alter |
| Baumholz | Derbholz | Baumholz | Derbholz | Baum- | Derb- | Baum- | Derb- | | |
fm	fm	fm	fm	fm	fm	fm	fm		

B. Mäßige Durchforstung.

Baumholz	Derbholz	Baumholz	Derbholz	Baum-	Derb-	Baum-	Derb-	Prozent	Alter
—	—	4	—	0,4	—	0,4	—	—	10
—	—	29	2	1,4	0,1	2,5	0,2	—	20
3	—	79	20	2,6	0,7	5,0	1,8	27,5	30
15	—	153	75	3,8	1,9	7,4	5,5	10,7	40
27	14	243	155	4,9	3,1	9,0	8,0	6,4	50
39	29	343	245	5,7	4,1	10,0	9,0	4,6	60
47	38	446	337	6,4	4,8	10,3	9,2	3,5	70
52	43	547	426	6,8	5,3	10,1	8,9	2,8	80
54	44	643	510	7,1	5,7	9,6	8,4	2,3	90
51	42	730	587	7,3	5,9	8,7	7,7	1,8	100
46	36	806	656	7,3	6,0	7,6	6,9	1,4	110
41	34	872	715	7,3	6,0	6,6	5,9	1,1	120
375	283								

C. Starke Durchforstung.

Baumholz	Derbholz	Baumholz	Derbholz	Baum-	Derb-	Baum-	Derb-	Prozent	Alter
—	—	1	—	0,1	—	0,1	—	—	10
—	—	29	2	1,5	0,1	2,8	0,2	—	20
4	—	81	21	2,7	0,7	5,2	1,9	—	30
15	—	157	77	3,9	1,9	7,6	5,6	10,8	40
30	17	250	160	5,0	2,9	9,3	8,3	6,4	50
45	35	354	252	5,9	4,2	10,4	9,2	4,8	60
56	47	461	347	6,6	5,0	10,7	9,5	3,8	70
62	53	567	441	7,1	5,5	10,6	9,4	3,1	80
62	54	667	530	7,4	5,9	10,0	8,9	2,5	90
59	52	758	612	7,6	6,1	9,1	8,2	2,0	100
53	46	837	684	7,6	6,2	7,9	7,2	1,6	110
44	37	904	744	7,5	6,2	6,7	6,0	1,3	120
430	341								

Ulter	Stamm=		Des Mittelstammes							Holzmasse	
	Zahl	Grundfläche (Baumholz)	Höhe	Durchmesser	Derbholz-Formhöhe	Derbholz-Formzahl	Baumholz-masse	Derbholz-masse	Kronenbreite	Baumholz	Derbholz
		qm	m	cm			fm	fm	m	fm	fm

Ertragsklasse IV.

Ulter	Zahl	Grundfläche	Höhe	Durchmesser	Derbholz-Formhöhe	Derbholz-Formzahl	Baumholz-masse	Derbholz-masse	Kronenbreite	Baumholz	Derbholz
10	—	—	0,9	—	—	—	—	—	—	3	—
20	—	5,1	3,0	1,2	—	—	—	—	—	18	—
30	—	11,8	5,6	3,25	—	—	—	—	—	50	8
40	6420	17,2	8,35	5,85	—	—	0,015	0,005	1,3	94	38
50	3650	21,4	10,95	8,65	—	—	0,04	0,025	1,8	144	87
60	2390	24,8	13,35	11,5	5,6	0,423	0,08	0,06	2,2	196	140
70	1690	27,4	15,55	14,35	7,0	0,448	0,145	0,11	2,6	247	191
80	1270	29,2	17,5	17,1	8,1	0,464	0,23	0,185	3,0	294	237
90	1000	30,5	19,2	19,7	9,1	0,475	0,335	0,275	3,4	335	278
100	813	31,2	20,65	22,1	10,0	0,486	0,455	0,38	3,8	371	313
110	678	31,5	21,85	24,3	10,9	0,499	0,59	0,50	4,1	401	344
120	582	31,7	22,8	26,35	11,7	0,512	0,735	0,63	4,4	426	370

Ertragsklasse V.

Ulter	Zahl	Grundfläche	Höhe	Durchmesser	Derbholz-Formhöhe	Derbholz-Formzahl	Baumholz-masse	Derbholz-masse	Kronenbreite	Baumholz	Derbholz
10	—	—	0,5	—	—	—	—	—	—	1	—
20	—	2,0	1,9	0,6	—	—	—	—	—	9	—
30	—	8,8	3,85	2,0	—	—	—	—	—	29	1
40	—	14,3	6,05	3,9	—	—	—	—	—	60	13
50	6570	18,6	8,2	6,0	—	—	—	—	1,3	98	41
60	4085	22,1	10,25	8,3	—	—	0,035	0,02	1,7	140	81
70	2760	24,8	12,15	10,7	5,0	0,412	0,065	0,045	2,0	183	124
80	1990	26,8	13,9	13,1	6,15	0,444	0,11	0,08	2,4	224	165
90	1515	28,2	15,45	15,4	7,15	0,464	0,17	0,13	2,8	261	202
100	1195	29,1	16,8	17,6	8,05	0,479	0,245	0,19	3,1	293	234
110	980	29,6	17,9	19,6	8,8	0,492	0,325	0,26	3,4	320	261
120	826	29,9	18,8	21,5	9,45	0,504	0,415	0,34	3,7	342	283

Ausscheid. Bestand Holzmasse		Gesamtertrag						Prozent des laufdn. Derbholzzuwachses	Alter
Holzmasse		Holzmasse		Durchschn. Zuwachs		Laufender Zuwachs			
Baumholz	Derbholz	Baumholz	Derbholz	Baum-Holz	Derb-Holz	Baum-Holz	Derb-Holz		
fm	fm	fm	fm	fm	fm	fm	fm		

A. Schwache Durchforstung.

Baumholz	Derbholz	Baumholz	Derbholz	Baum-	Derb-	Baum-	Derb-	Prozent	Alter
—	—	3	—	0,3	—	0,3		—	10
—	—	18	—	0,9	—	1,5	—	—	20
—	—	50	8	1,7	0,3	3,2	0,8	—	30
6	—	100	38	2,5	1,0	5,0	3,0	13,7	40
14	3	164	90	3,3	1,8	6,4	5,2	7,4	50
23	11	239	154	4,0	2,6	7,5	6,4	4,9	60
29	17	319	222	4,6	3,2	8,0	6,8	3,6	70
32	21	398	289	5,0	3,6	7,9	6,7	2,8	80
34	24	473	354	5,3	3,9	7,5	6,5	2,2	90
33	25	542	414	5,4	4,1	6,9	6,0	1,8	100
32	24	604	469	5,5	4,3	6,2	5,5	1,4	110
29	22	658	517	5,5	4,3	5,4	4,8	1,2	120
232	147								

A. Schwache Durchforstung.

Baumholz	Derbholz	Baumholz	Derbholz	Baum-	Derb-	Baum-	Derb-	Prozent	Alter
—	—	1	—	—	—	0,1		—	10
—	—	9	—	0,5	—	0,8	—	—	20
—	—	29	1	1,0	—	2,0	0,1	—	30
1	—	61	13	1,5	0,3	3,2	1,2	—	40
6	—	105	41	2,1	0,8	4,4	2,8	10,2	50
13	2	160	83	2,7	1,4	5,5	4,2	6,2	60
19	7	222	133	3,2	1,9	6,2	5,0	4,2	70
22	11	285	185	3,6	2,3	6,3	5,2	3,1	80
24	14	346	236	3,8	2,6	6,1	5,1	2,4	90
24	16	402	284	4,0	2,8	5,6	4,8	1,8	100
23	15	452	326	4,1	3,0	5,0	4,2	1,4	110
21	14	495	362	4,1	3,0	4,3	3,6	1,2	120
153	79								

3. Tannen=Ertragstafel
für schwache Durchforstung
von 1923.

Aufgestellt auf Grundlage der Tannen=Ertragstafel von Eichhorn (1902) und der von Dieterich ver=
öffentlichten Hilfszahlen zur Ertrags= und Zuwachs=
schätzung in reinen Weißtannenbeständen (Silva 1922,
Nr. 45). (Allg. Forst= u. Jagdzeitung 1923, Aprilheft.)

| Alter | Bleibender Bestand | | | | | | | |
| | Stamm= | | Mittel= | | | | Holzmasse | |
	Zahl	Grundfläche (Baumholz) qm	Höhe m	Durchmesser cm	Derb- holz Form- höhe	Derb- holz- Form- zahl	Baumholz fm	Derbholz fm
						Ertrags=		
10		9,4	1,0			0,8		
20	24500	(13,4) 19,6	3,7	3,2	1,1	30	44	16
30	7490	(25,2) 28,0	7,6	6,9	3,4	45	132	88
40	3490	(34,6) 35,0	12,1	11,3	6,1	504	275	210
50	2030	42,1	16,6	16,3	8,5	512	449	357
60	1320	48,3	20,7	21,6	10,5	508	623	508
70	965	53,3	24,2	26,6	12,2	504	781	648
80	760	57,3	27,1	31,0	13,5	498	920	771
90	635	60,5	29,45	34,8	14,5	492	1039	876
100	550	63,1	31,35	38,3	15,3	488	1140	964
110	485	65,2	32,9	41,4	16,0	486	1225	1040
120	435	66,9	34,2	44,3	16,55	484	1297	1106
130	395	68,3	35,3	47,1	17,0	482	1359	1163
140	360	69,5	36,25	49,7	17,4	481	1412	1212
150	330	70,6	37,05	52,1	17,8	480	1457	1254

Die in Klammern gesetzten Zahlen der Spalte 3 geben

| Aussch.-Bestand Holzmasse | | Gesamtertrag | | | | | | Prozent des laufenden Derbholzzuwachses | Alter |
| Baumholz | Derbholz | Baumholz | Derbholz | Durchschnitts-Zuwachs Baumholz | Durchschnitts-Zuwachs Derbholz | Laufender jährlicher Zuwachs Baumholz | Laufender jährlicher Zuwachs Derbholz | | |
fm		fm		fm		fm			
4		12		1,2		1,2			10
15		63	16	3,2	0,8	5,1	1,6		20
33	14	184	102	6,1	3,4	12,1	8,6		30
54	39	381	263	9,5	6,6	19,7	16,1		40
76	65	631	475	12,6	9,5	25,0	21,2	6,5	50
91	82	896	708	14,9	11,8	26,5	23,3	4,5	60
96	89	1150	937	16,4	13,4	25,4	22,9	3,2	70
94	87	1383	1147	17,3	14,3	23,3	21,0	2,4	80
85	78	1587	1330	17,6	14,8	20,4	18,3	1,8	90
75	69	1763	1487	17,6	14,9	17,6	15,7	1,4	100
66	60	1914	1623	17,4	14,8	15,1	13,6	1,1	110
57	52	2043	1741	17,0	14,5	12,9	11,8	0,9	120
49	45	2154	1843	16,5	14,2	11,1	10,2	0,7	130
42	39	2249	1931	16,1	13,8	9,5	8,8	0,6	140
36	34	2330	2007	15,5	13,4	8,1	7,6	0,5	150
873	753								

die Derbholz-Grundfläche an.

Alter	Stamm= Zahl	Stamm= Grundfläche (Baumholz) qm	Mittel= Höhe m	Mittel= Durchmesser cm	Mittel= Derb-holz-Form-höhe	Mittel= Derb-holz-Form-zahl	Holzmasse Baumholz fm	Holzmasse Derbholz fm
10		7,2	0,7			0,	5	
20		(9,7) 17,2	2,9	2,0	0,7	24	30	6
30	13 100	(20,6) 24,7	6,0	4,9	2,5	41	92	52
40	5400	(29,6) 31,3	9,6	8,6	4,7	49	194	139
50	2910	(36,7) 36,9	13,4	12,7	6,9	515	324	252
60	1860	42,6	17,0	17,0	8,7	512	464	373
70	1310	47,6	20,2	21,6	10,3	508	600	490
80	985	51,6	23,0	25,8	11,5	503	723	596
90	805	54,8	25,3	29,5	12,6	498	830	689
100	685	57,4	27,1	32,7	13,4	494	920	768
110	595	59,5	28,6	35,7	14,0	490	997	836
120	530	61,2	29,9	38,4	14,6	488	1063	895
130	475	62,6	31,0	41,0	15,1	487	1120	946
140	430	63,8	31,9	43,4	15,5	486	1169	990
150	395	64,8	32,7	45,6	15,9	486	1211	1027

Ertrags=

Die in Klammern gesetzten Zahlen der Spalte 3 geben

Ausscheid. Bestand Holzmasse		Gesamtertrag		Durchschnitts- Zuwachs		Laufender jährlicher Zuwachs		Prozent des laufenden Derbholzzuwachses	Alter
Baumholz	Derbholz	Baumholz	Derbholz	Baumholz	Derbholz	Baumholz	Derbholz		
fm		fm		fm		fm			

Klasse II.

Ausscheid. Baumholz	Ausscheid. Derbholz	Gesamt Baumholz	Gesamt Derbholz	Durchschn. Baumholz	Durchschn. Derbholz	Lauf. Baumholz	Lauf. Derbholz	Prozent	Alter
1		6		0,6		0,6			10
8		39	6	1,9	0,3	3,3	0,6		20
22	6	123	58	4,1	2,0	8,4	4,6		30
37	23	262	168	6,5	4,2	13,9	11,0		40
52	39	444	320	8,9	6,4	18,2	15,2	7,0	50
66	55	650	496	10,8	8,2	20,6	17,6	4,9	60
75	66	861	679	12,3	9,7	21,1	18,3	3,6	70
74	69	1058	854	13,2	10,7	19,7	17,5	2,6	80
69	64	1234	1011	13,7	11,2	17,6	15,7	2,0	90
61	57	1385	1147	13,9	11,5	15,1	13,6	1,5	100
53	50	1515	1265	13,8	11,5	13,0	11,8	1,2	110
47	44	1628	1368	13,6	11,4	11,3	10,3	1,0	120
42	39	1727	1458	13,3	11,2	9,9	9,0	0,8	130
38	35	1814	1537	13,0	11,0	8,7	7,9	0,7	140
34	32	1890	1606	12,6	10,7	7,6	6,9	0,6	150
679	579								

die Derbholz-Grundfläche an.

Ertrags-

| Alter | Bleibender Bestand | | | | | | | |
| | Stamm= | | Mittel= | | | | Holzmasse | |
	Zahl	Grundfläche (Baumholz) qm	Höhe m	Durchmesser cm	Derb=holz=Form=höhe	Derb=holz=Form=zahl	Baumholz fm	Derbholz fm
10		5,6	0,5			0,	1	
20		(5,4) 14,0	2,0	1,0	0,2	10	16	
30	34 000	(15,2) 21,1	4,3	2,8	1,5	35	52	25
40	11 340	(23,8) 27,0	7,1	5,5	3,2	45	117	77
50	5060	(30,6) 32,2	10,2	9,0	5,0	493	209	154
60	2810	(36,4) 36,7	13,3	12,9	6,8	511	319	247
70	1840	41,3	16,2	16,9	8,3	512	433	345
80	1310	45,3	18,8	21,0	9,6	511	539	437
90	1010	48,6	21,0	24,7	10,7	509	634	519
100	835	51,3	22,85	28,0	11,5	507	716	590
110	715	53,5	24,3	30,9	12,2	505	786	651
120	625	55,2	25,55	33,5	12,8	502	846	703
130	555	56,6	26,6	36,0	13,25	499	898	748
140	500	57,8	27,5	38,3	13,65	497	943	787
150	460	58,8	28,3	40,4	14,0	495	982	821

Die in Klammern gesetzten Zahlen der Spalte 3 geben

Ausscheid.-Bestand		Gesamtertrag						Prozent des laufenden Derbholzzuwachses	Alter
Holzmasse				Durch-schnitts-		Laufender jährlicher			
				Zuwachs					
Baumholz	Derbholz	Baumholz	Derbholz	Baum-holz	Derb-holz	Baum-holz	Derb-holz		
fm		fm		fm		fm			

Klasse III.

Baumholz	Derbholz	Baumholz	Derbholz	Baum-holz	Derb-holz	Baum-holz	Derb-holz	Prozent	Alter
		1		0,1		0,1			10
						1,9			
4		20		1,0					20
						4,8	2,6		
12	1	68	26	2,3	0,9				30
						8,7	6,3		
22	11	155	89	3,9	2,2				40
						12,5	9,9		
33	22	280	188	5,6	3,8				50
						15,3	12,6		
43	33	433	314	7,2	5,2			5,7	60
						16,6	14,1		
52	43	599	455	8,6	6,5			4,1	70
						16,2	14,2		
56	50	761	597	9,5	7,5			3,0	80
						14,8	13,0		
53	48	909	727	10,1	8,1			2,2	90
						13,1	11,5		
49	44	1040	842	10,4	8,4			1,7	100
						11,4	10,1		
44	40	1154	943	10,5	8,6			1,4	110
						10,0	8,8		
40	36	1254	1031	10,4	8,6			1,1	120
						8,8	7,8		
36	33	1342	1109	10,3	8,5			0,9	130
						7,8	6,9		
33	30	1420	1178	10,1	8,4			0,8	140
						7,0	6,2		
31	28	1490	1240	9,9	8,3			0,7	150
508	419								

die Derbholz-Grundfläche an.

Alter	Stamm=		Mittel=				Holzmasse	
	Zahl	Grundfläche (Baumholz)	Höhe	Durchmesser	Derbholz Formhöhe	Derbholz Formzahl	Baumholz	Derbholz
		qm	m	cm			fm	
10		4,0	0,3					
20		9,8	1,1				6	
30		(8,3) 16,3	2,6	1,2	0,6	22	25	4
40	44 300	(16,8) 21,7	4,6	2,5	1,7	37	61	28
50	16 150	(23,7) 26,8	7,0	4,6	3,1	45	117	72
60	6550	(29,8) 31,3	9,6	7,8	4,7	49	192	136
70	3330	(34,7) 35,2	12,2	11,6	6,2	509	280	212
80	2030	38,8	14,6	15,6	7,5	514	369	290
90	1390	42,2	16,7	19,7	8,5	512	452	362
100	1070	45,0	18,5	23,1	9,4	511	526	426
110	880	47,2	20,0	26,1	10,2	509	590	481
120	750	48,9	21,2	28,8	10,8	508	644	527
130	655	50,3	22,2	31,3	11,3	506	690	567
140	580	51,5	23,1	33,6	11,7	504	731	602
150	525	52,6	23,9	35,7	12,0	502	768	633

Die in Klammern gesetzten Zahlen der Spalte 3 geben

Ausscheid. Bestand Holzmasse		Gesamtertrag						Prozent des laufenden Derbholzzuwachses	Alter
				Durchschnitts-Zuwachs		Laufender jährlicher Zuwachs			
Baumholz	Derbholz	Baumholz	Derbholz	Baumholz	Derbholz	Baumholz	Derbholz		
fm		fm		fm		fm			

k l a s s e IV.

Ausscheid Baumholz	Ausscheid Derbholz	Gesamt Baumholz	Gesamt Derbholz	Durchschn. Baumholz	Durchschn. Derbholz	Laufend Baumholz	Laufend Derbholz	Prozent	Alter
									10
						0,6			
		6		0,3					20
						2,3	0,4		
4		29	4	1,0	0,1				30
						4,7	2,5		
11	1	76	29	1,9	0,7				40
						7,6	5,2		
20	8	152	81	3,0	1,6				50
						10,4	8,1		
29	17	256	162	4,3	2,7			7,5	60
						12,5	10,2		
37	26	381	264	5,4	3,8			5,2	70
						13,0	11,1		
41	33	511	375	6,4	4,7			3,7	80
						12,4	10,7		
41	35	635	482	7,1	5,4			2,7	90
						11,1	9,7		
37	33	746	579	7,5	5,8			2,0	100
						9,7	8,5		
33	30	843	664	7,7	6,0			1,5	110
						8,4	7,4		
30	28	927	738	7,7	6,2			1,2	120
						7,4	6,5		
28	25	1001	803	7,7	6,2			1,0	130
						6,6	5,8		
25	23	1067	861	7,6	6,15			0,9	140
						6,0	5,3		
23	22	1127	914	7,5	6,1			0,8	150
359	281								

die Derbholz-Grundfläche an.

4. Fichten=Ertragstafel
für verschiedene Durchforstungsgrade
von 1928.

(Allgemeine Forst=u. Jagdzeitung 1928, Novemberheft.)

Alter	Bleibender Bestand							
	Stamm-		Des Mittelstammes					
	Zahl	Grundfläche (Baumholz)	Höhe	Durchmesser	Derb-holz-Form-höhe	Derb-holz-Form-zahl	Derbholz-masse	Kronen-breite
		qm	m	cm			fm	m

Ertragsklasse I.

Alter	Zahl	Grundfläche (Baumholz) qm	Höhe m	Durchmesser cm	Derbholz-Formhöhe	Derbholz-Formzahl	Derbholzmasse fm	Kronenbreite m
10			2,75			0,		
20		18,2	7,2	7,7				
30	2320	28,5	12,1	12,5			0,075	2,2
40	1520	36,2	16,9	17,4	9,0	531	0,214	2,8
50	1085	42,2	21,25	22,25	11,1	521	0,430	3,3
60	827	46,8	24,9	26,85	12,6	505	0,71	3,7
70	662	50,3	27,85	31,1	13,7	490	1,03	4,2
80	551	53,0	30,2	35,0	14,4	478	1,38	4,6
90	477	55,2	32,1	38,4	15,0	468	1,74	4,9
100	423	57,0	33,8	41,4	15,5	459	2,09	5,2

Ertragsklasse I.

Alter	Zahl	Grundfläche (Baumholz) qm	Höhe m	Durchmesser cm	Derbholz-Formhöhe	Derbholz-Formzahl	Derbholzmasse fm	Kronenbreite m
10			2,85			0,		
20		19,3	7,45	8,0				
30	2040	29,0	12,6	13,45			0,089	2,2
40	1230	35,9	17,7	19,25	9,2	519	0,268	3,1
50	816	40,4	22,3	25,1	11,3	505	0,56	3,8
60	572	42,9	26,1	30,9	12,8	490	0,96	4,5
70	425	44,6	29,2	36,55	13,8	474	1,45	5,2
80	332	46,0	31,7	42,0	14,5	458	2,01	5,9
90	269	47,1	33,7	47,2	15,0	445	2,62	6,6
100	224	48,0	35,4	52,2	15,3	434	3,28	7,2

Derbholzmasse	Ausscheidendes Derbholz	Gesamtertrag			Prozent des laufend jährlichen Zuwachses	Alter
		Derbholzmasse	Durchschnittlicher Zuwachs	Laufend jährlicher Zuwachs		
fm	fm	fm	fm	fm		

A. Mäßige Durchforstung.

Derbholzmasse fm	Ausscheidendes Derbholz fm	Derbholzmasse fm	Durchschnittlicher Zuwachs fm	Laufend jährlicher Zuwachs fm	Prozent des laufend jährlichen Zuwachses	Alter
						10
				5,5		
46	9	55	2,8			20
				16,0		
174	32	215	7,2			30
				20,3		
325	52	418	10,5		6,5	40
				21,0		
467	68	628	12,6		4,2	50
				19,7		
588	76	825	13,8		3,0	60
				17,4		
686	76	999	14,3		2,2	70
				15,0		
764	72	1149	14,4		1,7	80
				13,0		
829	65	1279	14,2		1,4	90
				11,4		
885	58	1393	13,9		1,2	100
	508					

B. Starke Durchforstung.

Derbholzmasse fm	Ausscheidendes Derbholz fm	Derbholzmasse fm	Durchschnittlicher Zuwachs fm	Laufend jährlicher Zuwachs fm	Prozent des laufend jährlichen Zuwachses	Alter
						10
				6,3		
49	14	63	3,2			20
				17,2		
181	40	235	7,8			30
				22,0		
330	71	455	11,4		6,9	40
				22,8		
455	103	683	13,7		4,7	50
				21,2		
548	119	895	14,9		3,4	60
				18,8		
617	119	1083	15,5		2,6	70
				16,4		
668	113	1247	15,6		2,1	80
				14,3		
706	105	1390	15,4		1,8	90
				12,6		
736	96	1516	15,2		1,6	100
	780					

Alter	Bleibender Bestand							
	Stamm=		Des Mittelstammes					
	Zahl	Grundfläche (Baumholz)	Höhe	Durchmesser	Derb-holz-Form-höhe	Derb-holz-Form-zahl	Derbholz-masse	Kronen-breite
		qm	m	cm			fm	m

Ertragsklasse I.

Alter	Zahl	Grundfläche	Höhe	Durchmesser	Formhöhe	Formzahl	Derbholzmasse	Kronenbreite
10			2,9			0,		
20		20,4	7,7	8,3				
30	1810	29,5	13,1	14,4			0,105	2,5
40	1015	35,6	18,5	21,1	9,4	509	0,330	3,4
50	627	38,6	23,3	28	11,5	494	0,71	4,3
60	406	39	27,25	35	13,0	479	1,25	5,3
70	282	39	30,5	42	14,1	462	1,94	6,4
80	207	39	33,15	49	14,7	444	2,76	7,5
90	159	39	35,25	56	15,0	429	3,67	8,6
100	125	39	37,0	63	15,1	416	4,70	9,6

Ertragsklasse II.

Alter	Zahl	Grundfläche	Höhe	Durchmesser	Formhöhe	Formzahl	Derbholzmasse	Kronenbreite
10			2,0			0,		
20		15,1	5,5	6;3				
30	2970	25,0	9,55	10,3			0,035	2,0
40	1990	32,3	13,7	14,5			0,115	2,4
50	1375	38,0	17,6	18,8	9,1	516	0,250	2,9
60	1020	42,3	20,95	23,0	10,8	514	0,445	3,4
70	803	45,6	23,7	26,9	11,9	504	0,68	3,8
80	664	48,2	25,9	30,4	12,8	493	0,92	4,2
90	571	50,3	27,75	33,5	13,5	483	1,19	4,5
100	505	52,0	29,4	36,2	14,0	473	1,44	4,8

Derbholzmasse	Ausscheidendes Derbholz	Gesamtertrag			Prozent des laufend jährlichen Zuwachses	Alter
		Derbholzmasse	Durchschnittlicher Zuwachs	Laufend jährlicher Zuwachs		
fm	fm	fm	fm	fm		

C. Schnellwuchsbetrieb.

Derbholzmasse	Ausscheidendes Derbholz	Derbholzmasse	Durchschnittlicher Zuwachs	Laufend jährlicher Zuwachs	Prozent des laufend jährlichen Zuwachses	Alter
						10
53	18	71	0,4	7,1		20
189	49	256	8,5	18,5		30
335	90	492	12,3	23,6	7,3	40
444	137	738	14,8	24,6	5,1	50
509	162	965	16,1	22,7	4,0	60
549	163	1168	16,7	20,3	3,2	70
572	155	1346	16,8	17,8	2,7	80
583	144	1501	16,7	15,5	2,4	90
588	133	1639	16,4	13,8	2,2	100
	1051					

A. Mäßige Durchforstung.

Derbholzmasse	Ausscheidendes Derbholz	Derbholzmasse	Durchschnittlicher Zuwachs	Laufend jährlicher Zuwachs	Prozent des laufend jährlichen Zuwachses	Alter
						10
18		18	0,9	1,8		20
102	19	121	4,0	10,3		30
222	35	276	6,9	15,5	7,7	40
346	48	448	9,0	17,2	4,7	50
454	55	611	10,2	16,3	3,2	60
543	57	757	10,8	14,6	2,3	70
615	55	884	11,0	12,7	1,8	80
675	52	996	11,1	11,2	1,5	90
726	48	1095	10,9	9,9	1,3	100
	369					

Alter	Bleibender Bestand							
	Stamm=		Des Mittelstammes					
	Zahl	Grundfläche (Baumholz)	Höhe	Durchmesser	Derb=holz=Form=höhe	Derb=holz=Form=zahl	Derbholz=masse	Kronen=breite
		qm	m	cm			fm	m

Ertragsklasse II.

Alter	Zahl	Grundfläche qm	Höhe m	Durchmesser cm	Derbholz-Formhöhe	Derbholz-Formzahl	Derbholz-masse fm	Kronen-breite m
10			2,05			0,		
20		15,7	5,65	6,3				
30	2700	25,05	9,9	10,85			0,040	2,1
40	1620	31,75	14,35	15,8			0,140	2,7
50	1060	36,4	18,45	20,9	9,5	513	0,325	3,3
60	741	39,35	21,9	26,0	11,1	505	0,59	4,0
70	548	41,2	24,8	30,95	12,2	491	0,915	4,6
80	425	42,5	27,15	35,7	13,0	478	1,30	5,2
90	342	43,55	29,05	40,25	13,5	465	1,72	5,8
100	284	44,4	30,75	44,6	13,9	453	2,18	6,4

Ertragsklasse II.

Alter	Zahl	Grundfläche qm	Höhe m	Durchmesser cm	Derbholz-Formhöhe	Derbholz-Formzahl	Derbholz-masse fm	Kronen-breite m
10			2,1			0,		
20		16,3	5,8	6,3				
30	2320	25,1	10,3	11,4			0,047	2,2
40	1355	31,2	15,0	17,1			0,172	2,9
50	840	34,8	19,3	23	9,85	510	0,406	3,7
60	551	36,4	22,9	29	11,4	499	0,75	4,6
70	383	36,8	25,9	35	12,5	482	1,20	5,5
80	279	36,8	28,4	41	13,2	465	1,74	6,4
90	212	36,8	30,4	47	13,6	448	2,36	7,4
100	167	36,8	32,1	53	13,85	432	3,00	8,3

Derbholzmasse	Ausscheidendes Derbholz	Gesamtertrag				Alter
		Derbholzmasse	Durchschnittlicher Zuwachs	Laufend jährlicher Zuwachs	Prozent des laufend jährlichen Zuwachses	
fm	fm	fm	fm	fm		

B. Starke Durchforstung.

Derbholzmasse	Ausscheidendes Derbholz	Derbholzmasse	Durchschnittlicher Zuwachs	Laufend jährlicher Zuwachs	Prozent	Alter
						10
				2,1		
18	3	21	1,1			20
				11,4		
107	25	135	4,5			30
				17,0		
229	48	305	7,3		8,0	40
				18,4		
344	69	489	9,8		5,0	50
				17,4		
435	83	663	11,1		3,6	60
				15,5		
501	89	818	11,7		2,7	70
				13,5		
550	86	953	11,9		2,1	80
				11,8		
588	80	1071	11,9		1,8	90
				10,5		
618	75	1176	11,8		1,6	100
	558					

C. Schnellwuchsbetrieb.

Derbholzmasse	Ausscheidendes Derbholz	Derbholzmasse	Durchschnittlicher Zuwachs	Laufend jährlicher Zuwachs	Prozent	Alter
						10
				2,4		
18	6	24	1,2			20
				12,6		
113	31	150	5,0			30
				18,4		
237	60	334	8,4		8,3	40
				19,6		
343	90	530	10,6		5,4	50
				18,5		
416	112	715	11,9		3,9	60
				16,4		
460	120	879	12,6		3,1	70
				14,3		
486	117	1022	12,8		2,5	80
				12,5		
501	110	1147	12,7		2,2	90
				11,1		
510	102	1258	12,6		1,9	100
	748					

| Alter | Stamm= | | Des Mittelstammes | | | | | |
	Zahl	Grundfläche (Baumholz) qm	Höhe m	Durchmesser cm	Derbholz-Formhöhe	Derbholz-Formzahl	Derbholzmasse fm	Kronenbreite m

Ertragsklasse III.

Alter	Zahl	Grundfläche qm	Höhe m	Durchmesser cm	Derbholz-Formhöhe	Derbholz-Formzahl	Derbholzmasse fm	Kronenbreite m
10			1,2			0,		
20		12,1	3,7	4,75				
30	4150	20,6	6,95	7,95			0,011	1,7
40	2635	27,4	10,45	11,5			0,049	2,1
50	1790	32,7	13,9	15,25	7,0	504	0,128	2,5
60	1300	36,8	17,0	18,95	8,8	518	0,249	3,0
70	1010	40,0	19,6	22,45	10,1	515	0,400	3,4
80	828	42,5	21,75	25,55	11,0	507	0,57	3,7
90	708	44,5	23,55	28,3	11,7	498	0,74	4,0
100	623	46,1	25,1	30,7	12,3	489	0,91	4,3

Ertragsklasse III.

Alter	Zahl	Grundfläche qm	Höhe m	Durchmesser cm	Derbholz-Formhöhe	Derbholz-Formzahl	Derbholzmasse fm	Kronenbreite m
10			1,2			0,		
20		12,15	3,75	4,75				
30	3860	20,6	7,1	8,25			0,012	1,7
40	2310	27,0	10,8	12,2			0,057	2,2
50	1500	31,65	14,4	16,4	7,2	502	0,153	2,8
60	1040	35,0	17,7	20,7	9,1	513	0,305	3,3
70	757	37,15	20,4	25,0	10,3	507	0,51	3,9
80	581	38,4	22,7	29,0	11,25	497	0,74	4,5
90	464	39,4	24,5	32,9	11,9	485	1,01	5,0
100	382	40,2	26,15	36,6	12,4	473	1,30	5,5

Derb-holz-masse	Ausscheidendes Derbholz	Gesamtertrag				Alter
		Derbholz-masse	Durch-schnittlicher Zuwachs	Laufend jährlicher Zuwachs	Prozent des laufend jährlichen Zuwachses	
fm	fm	fm	fm	fm		

A. Mäßige Durchforstung.

Derbholzmasse	Ausscheidendes Derbholz	Derbholzmasse	Durchschnittlicher Zuwachs	Laufend jährlicher Zuwachs	Prozent	Alter
						10
						20
47	6	53	1,8	5,3		30
130	19	155	3,9	10,2		40
229	30	284	5,7	12,9	5,7	50
324	38	417	6,9	13,3	3,7	60
404	41	538	7,7	12,1	2,7	70
469	42	645	8,1	10,7	2,0	80
522	41	739	8,2	9,4	1,6	90
566	39	822	8,2	8,3	1,4	100
	256					

B. Starke Durchforstung.

Derbholzmasse	Ausscheidendes Derbholz	Derbholzmasse	Durchschnittlicher Zuwachs	Laufend jährlicher Zuwachs	Prozent	Alter
						10
						20
45	9	54	1,8	5,4		30
131	26	166	4,2	11,2		40
229	41	305	6,1	13,9	6,2	50
318	53	447	7,5	14,2	4,1	60
384	64	577	8,2	13,0	3,0	70
432	67	692	8,7	11,5	2,3	80
468	64	792	8,8	10,0	1,9	90
497	58	879	8,8	8,7	1,6	100
	382					

| Alter | Stamm- | | Des Mittelstammes | | | | | |
| | Zahl | Grundfläche (Baumholz) | Höhe | Durchmesser | DerbholzFormhöhe | DerbholzFormzahl | Derbholzmasse | Kronenbreite |
		qm	m	cm			fm	m

Ertragsklasse III.

Alter	Zahl	Grundfläche	Höhe	Durchmesser	Derbholz-Formhöhe	Derbholz-Formzahl	Derbholzmasse	Kronenbreite
10			1,25			0,		
20		12,2	3,8	4,75				
30	3000	20,6	7,25	8,55			0,012	1,8
40	1940	26,6	11,15	12,9			0,065	2,4
50	1260	30,6	14,95	17,6	7,5	503	0,182	3,0
60	834	33,2	18,35	22,5	9,4	510	0,374	3,7
70	577	34,3	21,2	27,5	10,6	501	0,63	4,5
80	413	34,3	23,6	32,5	11,5	488	0,95	5,3
90	311	34,3	25,5	37,5	12,1	474	1,33	6,1
100	242	34,3	27,2	42,5	12,5	459	1,77	6,9

Ertragsklasse IV.

Alter	Zahl	Grundfläche	Höhe	Durchmesser	Derbholz-Formhöhe	Derbholz-Formzahl	Derbholzmasse	Kronenbreite
10			0,7			0,		
20		7,0	2,35	3,1				
30		14,7	4,7	5,5				
40	3810	21,1	7,5	8,4			0,015	1,7
50	2500	26,2	10,45	11,55			0,052	2,1
60	1780	30,2	13,25	14,7	6,8	512	0,115	2,5
70	1355	33,3	15,7	17,7	8,2	527	0,201	2,9
80	1090	35,7	17,75	20,4	9,2	519	0,302	3,2
90	922	37,6	19,5	22,8	10,0	512	0,407	3,5
100	805	39,1	21,0	24,9	10,6	503	0,514	3,8

Derbholzmasse	Ausscheidendes Derbholz	Gesamtertrag			Prozent des laufend jährlichen Zuwachses	Alter
		Derbholzmasse	Durchschnittlicher Zuwachs	Laufend jährlicher Zuwachs		
fm	fm	fm	fm	fm		

C. Schnellwuchsbetrieb.

Derbholzmasse	Ausscheidendes Derbholz	Derbholzmasse	Durchschnittlicher Zuwachs	Laufend jährlicher Zuwachs	Prozent des laufend jährlichen Zuwachses	Alter
						10
						20
44	11	55	1,8	5,5		30
132	33	176	4,4	12,1		40
230	52	326	6,5	15,0	6,6	50
311	71	478	8,0	15,2	4,5	60
364	86	617	8,8	13,9	3,4	70
395	91	739	9,2	12,2	2,6	80
415	86	845	9,4	10,6	2,1	90
428	79	937	9,4	9,2	1,9	100
	509					

Mäßige Durchforstung.

Derbholzmasse	Ausscheidendes Derbholz	Derbholzmasse	Durchschnittlicher Zuwachs	Laufend jährlicher Zuwachs	Prozent des laufend jährlichen Zuwachses	Alter
						10
						20
7		7	0,2	0,7		30
57	8	65	1,6	5,8		40
129	18	135	2,7	9,0	7,8	50
205	25	256	4,3	10,1	4,8	60
273	30	354	5,1	9,8	3,2	70
329	32	442	5,5	8,8	2,4	80
375	32	520	5,8	7,8	1,7	90
414	30	589	5,9	6,9	1,4	100
	175					

Alter	Bleibender Bestand									Ausscheidendes Derbholz	Gesamtertrag				Alter
	Stamm-		Des Mittelstammes						Derbholz-masse		Derbholz-masse	Durch-schnittlicher Zuwachs	Laufend jährlicher Zuwachs	Prozent des lfd. jährl. Zuwachses	
	Zahl	Grundfläche (Baumholz)	Höhe	Durch-messer	Derb-holz-Form-höhe	Derb-holz-Form-zahl	Derbholz-masse	Kronen-breite							
		qm	m	cm			fm	m	fm	fm	fm	fm	fm		
					**Ertragsklasse V. A. Mäßige Durchforstung.**										
10			0,25				0,								10
20			1,15	1,5											20
30		7,5	2,60	3,2											30
40		13,5	4,55	5,3					9		9	0,2	0,9		40
50	3950	18,4	6,9	7,7			0,012	1,7	47	6	53	1,1	4,4		50
60	2730	22,3	9,35	10,2			0,036	2,1	98	15	119	2,0	6,6	7,3	60
70	1995	25,3	11,6	12,7	5,9	508	0,075	2,4	149	21	191	2,7	7,2	4,6	70
80	1560	27,6	13,55	15,0	7,0	519	0,124	2,7	194	24	260	3,3	6,9	3,1	80
90	1290	29,4	15,2	17,05	7,9	519	0,180	3,0	232	24	322	3,6	6,2	2,3	90
100	1100	31,0	16,6	18,9	8,5	514	0,240	3,2	264	22	376	3,8	5,4	1,7	100
										112					

5. Kiefern-Ertragstafel

für mittelstarke Durchforstung von 1921.

Aufgestellt auf Grundlage der Ertragstafeln von
Schwappach (1908), Vorkampf-Laue, Weise
und Wimmenauer (1908).
(Allgemeine Forst- und Jagdzeitung 1921, Juliheft.)

Bleibender Bestand

Ertrags

Alter	Stamm=		Mittel=				Holzmasse	
	Zahl	Grundfläche (Baumholz)	Höhe	Durchmesser	DerbholzFormhöhe	DerbholzFormzahl	Baumholz	Derbholz
		qm	m	cm			fm	
10		18,0	3,4	4,2	0,8		56	7
20		25,8	8,5	8,2	3,15	371	147	74
30	2670	30,1	13,3	12,0	5,55	417	230	168
40	1630	33,0	17,3	16,0	7,4	428	300	245
50	1080	34,6	20,4	20,2	8,8	431	355	304
60	800	35,6	22,9	23,8	9,9	431	400	351
70	630	36,4	25,0	27,1	10,8	431	437	392
80	520	37,0	26,8	30,1	11,55	431	467	426
90	440	37,4	28,3	32,9	12,2	432	492	455
100	380	37,7	29,5	35,5	12,7	432	513	479
110	330	37,9	30,3	38,0	13,2	432	531	499
120	300	38,1	31,3	40,2	13,55	433	546	515
130	270	38,3	32,0	42,5	13,85	433	559	528
140	245	38,4	32,7	44,6	14,1	432	570	540

Ertrags

Alter	Zahl	Grundfläche (Baumholz)	Höhe	Durchmesser	DerbholzFormhöhe	DerbholzFormzahl	Baumholz	Derbholz
10		16,5	2,7		0,6		45	3
20		24,0	7,0	6,8	2,4	343	122	47
30	3350	28,3	11,2	10,4	4,55	406	194	127
40	1880	31,0	14,6	14,5	6,15	421	253	193
50	1220	33,0	17,3	18,5	7,4	428	301	244
60	900	34,1	19,6	22,0	8,45	430	340	287
70	710	35,0	21,5	25,1	9,25	430	373	324
80	590	35,6	23,0	27,7	9,9	430	400	353
90	500	36,1	24,3	30,3	10,5	431	422	378
100	430	36,4	25,3	32,8	10,9	431	440	398
110	380	36,8	26,2	35,1	11,3	431	455	415
120	340	37,0	26,9	37,2	11,6	431	468	428
130	310	37,2	27,5	39,2	11,9	432	479	439
140	280	37,3	28,1	41,0	12,15	432	490	449

Ausscheid.-Bestand Holzmasse Baumholz (fm)	Ausscheid.-Bestand Holzmasse Derbholz (fm)	Gesamtertrag Baumholz (fm)	Gesamtertrag Derbholz (fm)	Durchschnittszuwachs Derbholz (fm)	Durchschnittszuwachs Baumholz (fm)	Laufender jährlicher Zuwachs Baumholz (fm)	Laufender jährlicher Zuwachs Derbholz (fm)	Prozent des laufenden Derbholzzuwachses	Alter
Klasse I.									
		57	7	5,7	0,7	11,7	7,8		10
26	11	174	85	8,7	4,2	13,9	12,7		20
56	33	313	212	10,4	7,1	13,7	12,9	7,7	30
67	52	450	341	11,3	8,5	12,2	11,4	4,7	40
67	55	572	455	11,4	9,1	10,7	10,1	3,3	50
62	54	679	556	11,3	9,3	9,5	9,2	2,6	60
58	51	774	648	11,1	9,3	8,3	8,1	2,1	70
53	47	857	729	10,7	9,1	7,3	7,1	1,7	80
48	42	930	800	10,3	8,9	6,3	6,0	1,3	90
42	36	993	860	9,9	8,6	5,4	5,1	1,1	100
36	31	1047	911	9,5	8,3	4,6	4,3	0,9	110
31	27	1093	954	9,1	7,9	4,0	3,7	0,7	120
27	24	1133	991	8,7	7,6	3,5	3,4	0,6	130
24	22	1168	1025	8,3	7,3			0,6	140
598	**485**								
Klasse II.									
		45	3	4,5	0,3	9,1	5,1		10
14	7	136	54	6,8	2,7	11,1	9,9		20
39	19	247	153	8,2	5,1	10,9	10,9	7,9	30
50	34	356	253	8,9	6,3	9,8	9,0	4,7	40
50	39	454	343	9,1	6,9	8,6	8,2	3,4	50
47	39	540	425	9,0	7,1	7,5	7,2	2,5	60
42	35	615	497	8,8	7,1	6,5	6,3	1,9	70
38	34	680	560	8,5	7,0	5,6	5,5	1,6	80
34	30	736	615	8,2	6,8	4,7	4,6	1,2	90
29	26	783	661	7,8	6,6	4,0	4,0	1,0	100
25	23	823	701	7,5	6,4	3,5	3,3	0,8	110
22	20	858	734	7,2	6,1	3,2	2,9	0,7	120
21	18	890	763	6,9	5,9	3,0	2,8	0,6	130
19	18	920	791	6,7	5,7			0,5	140
430	**342**								

Hinweis: In den Spalten „Laufender jährlicher Zuwachs" stehen die Werte im Original zwischen den Alterszeilen (Periodenwerte); sie sind hier dem jeweils jüngeren Alter (Periodenbeginn) zugeordnet.

Alter	Bleibender Bestand							
	Stamm=		Mittel=				Holzmasse	
	Zahl	Grundfläche (Baumholz)	Höhe	Durchmesser	Derb-holz-Form-höhe	Derb-holz-Form-zahl	Baumholz	Derbholz
		qm	m	cm			fm	
10		14,9	2,0		0,4		32	1
20		21,9	5,5	5,7	1,7	309	95	25
30	4000	26,3	9,1	9,1	3,5	385	157	86
40	2400	29,0	12,0	12,4	4,95	412	207	143
50	1600	31,0	14,4	15,7	6,05	420	248	187
60	1150	32,3	16,3	18,9	6,95	426	282	224
70	900	33,2	17,9	21,7	7,7	430	310	255
80	740	34,0	19,2	24,2	8,3	431	333	280
90	630	34,5	20,3	26,4	8,75	431	352	301
100	550	34,9	21,2	28,5	9,15	431	368	318
110	480	35,1	21,9	30,5	9,4	431	381	332
120	430	35,4	22,5	32,3	9,7	431	392	344
130	390	35,6	23,0	34,0	9,9	431	402	354
140	360	35,8	23,5	35,7	10,15	431	411	363

Ertrags

Alter	Zahl	Grundfläche (Baumholz)	Höhe	Durchmesser	Derb-holz-Form-höhe	Derb-holz-Form-zahl	Baumholz	Derbholz
10		13,6	1,5		0,3		22	
20		19,4	4,0	5,1	1,0	250	68	11
30	4900	24,0	6,9	7,9	2,35	341	119	45
40	3270	26,5	9,3	10,2	3,6	387	161	90
50	2170	28,4	11,3	12,9	4,6	407	195	129
60	1610	29,8	12,9	15,3	5,4	418	224	160
70	1260	30,9	14,3	17,6	6,0	422	248	186
80	1030	31,7	15,4	19,9	6,55	424	268	207
90	870	32,4	16,4	21,8	7,0	426	284	225
100	750	32,8	17,1	23,6	7,3	427	297	240
110	660	33,2	17,7	25,3	7,6	428	307	252
120	590	33,4	18,2	26,9	7,8	429	316	261
130	530	33,6	18,6	28,4	8,0	430	324	269
140	480	33,8	18,9	29,8	8,15	430	332	276

Ausscheid. Bestand Holzmasse		Gesamtertrag		Durchschnitts-Zuwachs		Laufender jährlicher Zuwachs		Prozent des laufenden Derbholzzuwachses	Alter
Baumholz	Derbholz	Baumholz	Derbholz	Baumholz	Derbholz	Baumholz	Derbholz		
fm		fm		fm		fm			

Klasse III.

Baumholz	Derbholz	Baumholz	Derbholz	Baumholz	Derbholz	Baumholz	Derbholz	Prozent	Alter
		32	1	3,2	0,1	6,8	2,7		10
5	3	100	28	5,0	1,4	8,7	7,1		20
25	10	187	99	6,2	3,3	8,4	7,7		30
34	20	271	176	6,8	4,4	7,6	7,0	4,9	40
35	26	347	246	6,9	4,9	6,7	6,3	3,4	50
33	26	414	309	6,9	5,1	5,8	5,5	2,5	60
30	24	472	364	6,7	5,2	5,0	4,7	1,8	70
27	22	522	411	6,5	5,1	4,3	4,0	1,4	80
24	19	565	451	6,3	5,0	3,6	3,4	1,1	90
20	17	601	485	6,0	4,8	3,1	2,9	0,9	100
18	15	632	514	5,7	4,7	2,7	2,5	0,7	110
16	13	659	539	5,5	4,5	2,4	2,2	0,6	120
14	12	683	561	5,3	4,3	2,2	2,0	0,6	130
13	11	705	581	5,0	4,2			0,5	140
294	218								

Klasse IV.

Baumholz	Derbholz	Baumholz	Derbholz	Baumholz	Derbholz	Baumholz	Derbholz	Prozent	Alter
		22		2,2		4,8			10
2		70	11	3,5	0,5	6,3	3,9		20
12	5	133	50	4,4	1,7	6,2	5,4		30
20	9	195	104	4,9	2,6	5,6	5,2	5,8	40
22	13	251	156	5,0	3,1	5,0	4,6	3,6	50
21	15	301	202	5,0	3,4	4,3	4,2	2,6	60
19	16	344	244	4,9	3,5	3,7	3,6	1,9	70
17	15	381	280	4,8	3,5	3,1	3,1	1,5	80
15	13	412	311	4,6	3,5	2,6	2,6	1,2	90
13	11	438	337	4,4	3,4	2,2	2,1	0,9	100
12	9	460	358	4,2	3,3	1,9	1,7	0,7	110
10	8	479	375	4,0	3,1	1,7	1,5	0,6	120
9	7	496	390	3,8	3,0	1,6	1,3	0,5	130
8	6	512	403	3,7	2,9			0,5	140
180	127								

Ertragsklasse V.

Alter	Zahl	Grundfläche (Baumholz) qm	Höhe m	Durchmesser cm	Derbholz-Form-höhe	Derbholz-Form-zahl 0,...	Baumholz fm (Bleib. Holzmasse)	Derbholz fm (Bleib. Holzmasse)	Baumholz fm (Ausscheid. Holzmasse)	Derbholz fm (Ausscheid. Holzmasse)	Baumholz fm (Gesamtertrag)	Derbholz fm (Gesamtertrag)	Durchschnitts-Zuwachs Baumholz fm	Durchschnitts-Zuwachs Derbholz fm	Laufender jährl. Zuwachs Baumholz fm	Laufender jährl. Zuwachs Derbholz fm	Prozent des laufenden Derbholzzuwachses	Alter
10		11,0	1,0		0,15		11				11		1,1					10
															2,9			
20		16,1	2,5	3,9	0,55	220	40	2			40	2	2,0	0,1				20
															4,5	1,7	7,9	
30	6700	20,5	4,8	6,2	1,35	281	81	17	4	2	85	19	2,8	0,6				30
															4,5	2,9	4,4	
40	4300	23,6	6,7	8,4	2,25	335	115	42	11	4	130	48	3,3	1,2				40
															3,9	3,3	2,9	
50	3040	25,5	8,3	10,4	3,0	367	143	70	11	5	169	81	3,4	1,6				50
															3,4	3,1	2,1	
60	2290	26,8	9,6	12,2	3,75	389	166	95	11	6	203	112	3,4	1,9				60
															3,0	2,8	1,6	
70	1830	27,9	10,7	13,8	4,3	402	185	117	11	6	233	140	3,3	2,0				70
															2,6	2,4	1,1	
80	1550	28,6	11,6	15,3	4,75	409	201	135	10	6	259	164	3,2	2,0				80
															2,2	2,1	0,9	
90	1340	29,3	12,4	16,7	5,15	413	215	150	8	6	281	185	3,1	2,1				90
															1,8	1,7	0,7	
100	1180	29,8	13,0	17,9	5,4	416	225	161	8	6	299	202	3,0	2,0				100
															1,5	1,4	0,6	
110	1050	30,2	13,4	19,1	5,6	418	233	170	7	5	314	216	2,9	1,9				110
															1,2	1,1	0,5	
120	940	30,5	13,8	20,3	5,8	420	239	177	6	4	326	227	2,7	1,9				120
															1,1	1,0	0,5	
130	850	30,8	14,1	21,4	5,95	421	245	183	5	4	337	237	2,6	1,8				130
															1,0	0,9		
140	780	31,0	14,4	22,5	6,05	421	250	188	5	4	347	246	2,5	1,8				140

6. Kiefern-Ertragstafel
für starke Durchforstung
(auf Bärenthorener Grundlage) von 1927.

(Allgemeine Forst- und Jagdzeitung 1927, Augustheft.)

Alter	Stamm-Zahl	Grundfläche (Baumholz) qm	Höhe m	Durchmesser cm	Baumholz-Formzahl	Derbholz-Formzahl	Baumholz-masse fm	Derbholz-masse fm	Standweite m	Holzmasse Baumholz fm	Holzmasse Derbholz fm
Ertrags											
10		17	3,3							54	9
20	5400	25	7,9	7,7			0,028	0,011	1,5	149	66
30	2610	28,2	11,9	11,7	0,620		0,080	0,053	2,2	209	148
40	1480	28,8	15,1	15,7	0,561		0,165	0,134	2,8	242	197
50	920	28,1	17,7	19,7	0,537	0,444	0,29	0,24	3,6	263	223
60	610	27	19,9	23,7	0,526	0,447	0,46	0,395	4,4	278	241
70	430	26,1	21,7	27,7	0,518	0,450	0,68	0,59	5,2	290	255
80	320	25,5	23,2	31,7	0,512	0,453	0,94	0,83	6,0	300	267
90	250	25,1	24,5	35,7	0,506	0,452	1,24	1,11	6,8	309	277
100	200	24,8	25,6	39,7	0,502	0,451	1,59	1,43	7,6	317	286
110	164	24,6	26,5	43,7	0,498	0,451	1,98	1,79	8,4	324	294
120	137	24,5	27,3	47,7	0,496	0,450	2,42	2,20	9,2	330	301
Ertrags											
10		16	2,5							35	2
20	7000	24	6,2	6,5			0,016		1,3	110	36
30	3550	27,7	9,6	10	0,640		0,048	0,028	1,8	172	100
40	2010	28,7	12,4	13,5	0,588		0,104	0,076	2,4	209	156
50	1235	28,0	14,7	17	0,561	0,452	0,19	0,15	3,1	231	187
60	815	26,9	16,65	20,5	0,549	0,459	0,30	0,25	3,8	246	206
70	575	26,0	18,3	24	0,540	0,460	0,45	0,38	4,5	257	219
80	428	25,4	19,7	27,5	0,532	0,461	0,62	0,54	5,2	266	230
90	331	25,0	20,9	31	0,525	0,459	0,82	0,725	5,9	274	240
100	264	24,7	21,95	34,5	0,519	0,459	1,06	0,94	6,6	281	249
110	216	24,5	22,9	38	0,513	0,458	1,33	1,19	7,3	288	257
120	180	24,4	23,8	41,5	0,507	0,458	1,63	1,47	8,0	294	264

Ausscheid. Bestand		Gesamtertrag						Proz. d. laufdn. jährl. Derbholzzuwachses	Alter
Holzmasse		Holzmasse		Zuwachs					
				Durchschn.=		Laufender			
Baumholz	Derbholz	Baumholz	Derbholz	Baum-	Derb-	Baum-	Derb-		
				Holz					
fm	fm	fm	fm	fm	fm	fm	fm		

Klasse II.

Baumholz	Derbholz	Baumholz	Derbholz	Baum-	Derb-	Baum-	Derb-	Proz.	Alter
		54	7	5,4	0,7	5,4	0,7		10
17		166	76	8,3	3,8	11,2	6,9		20
66	46	292	199	9,7	6,6	12,6	12,3	8,0	30
78	63	403	317	10,1	7,9	11,1	11,8	5,1	40
76	66	500	417	10,0	8,3	9,7	10,0	3,9	50
70	62	585	503	9,8	8,4	8,5	8,6	3,1	60
64	57	661	577	9,4	8,2	7,6	7,4	2,5	70
58	51	729	642	9,1	8,0	6,8	6,5	2,2	80
51	46	789	700	8,8	7,8	6,0	5,8	1,8	90
44	40	841	751	8,4	7,5	5,2	5,1	1,6	100
38	34	886	797	8,1	7,2	4,5	4,6	1,4	110
33	30	925	839	7,7	7,0	3,9	4,2	1,3	120
595	495								

Klasse III.

Baumholz	Derbholz	Baumholz	Derbholz	Baum-	Derb-	Baum-	Derb-	Proz.	Alter
		35	2	3,5	0,2	3,5	0,2		10
10		120	36	6,0	1,8	8,5	3,4		20
36	24	218	124	7,3	4,1	9,8	8,8	9,5	30
53	39	308	219	7,7	5,5	9,0	9,5	5,1	40
58	48	388	298	7,8	6,0	8,0	7,9	3,6	50
57	48	460	365	7,7	6,1	7,2	6,7	2,8	60
52	44	523	422	7,5	6,0	6,3	5,7	2,3	70
47	40	579	473	7,2	5,9	5,6	5,1	2,0	80
42	37	629	520	7,0	5,8	5,0	4,7	1,8	90
38	34	674	563	6,7	5,6	4,5	4,3	1,6	100
34	32	715	603	6,5	5,5	4,1	4,0	1,4	110
32	30	753	640	6,3	5,3	3,8	3,7	1,3	120
459	376								

7. Douglasien-Ertragstafel
für starke Durchforstung
von 1926.

(Allgemeine Forst- und Jagdzeitung 1926, Januarheft.)

Alter	Stamm=		Des Mittelstammes				
	Zahl	Grundfläche (Baumholz)*) qm	Höhe m	Durchmesser cm	Derbholz-Formhöhe	Derbholz-Formzahl	Derbholzgehalt fm
							Ertrags=
5			1,6				
10			3,9				
		(11,9)					
15	2390	21,4	7,1	8	2,8	0,392	0,014
		(25,3)					
20	1710	29,5	11,4	14	5,2	0,453	0,08
25	1060	35,8	16,5	21	7,5	0,469	0,26
30	687	39,4	20,7	27	9,5	0,464	0,55
35	481	41,1	24,1	33	10,9	0,451	0,93
40	355	42,4	27	39	11,8	0,437	1,41
45	273	43,4	29,6	45	12,5	0,423	1,99
50	217	44,2	32	51	13,1	0,408	2,67
55	176	44,9	34,2	57	13,5	0,395	3,45
60	146	44,5	36,2	63	13,9	0,385	4,33
							Ertrags=
5			1,2				
10			3,0				
		(9,4)					
15	2500	16,8	5,6	6,9	1,4	0,250	0,005
		(21,1)					
20	1840	24,5	9,2	12,1	3,8	0,407	0,043
25	1250	30,3	13,8	17,5	6,4	0,466	0,16
30	815	33,6	17,6	22,9	8,3	0,472	0,34
35	571	35,2	20,7	28,0	9,7	0,466	0,59
40	418	36,4	23,4	33,3	10,7	0,455	0,93
45	320	37,4	25,8	38,6	11,4	0,443	1,34
50	252	38,2	27,9	43,9	12	0,430	1,82
55	205	38,9	29,9	49,2	12,4	0,415	2,36
60	170	39,5	31,7	54,5	12,7	0,403	2,96

*) Derbholz-Grundfläche in Klammern.

Kronendurchm.	Derbholzmasse	Ausscheid.-Derbholz	Gesamtertrag			Prozent des lfd. jährl. Derbholzzuwachses	Alter
			Derbholzmasse	Durchschnitts-Zuwachs an Derbholz	Laufender Zuwachs an Derbholz		
	fm	fm	fm	fm	fm		

Klasse I.

Kronendurchm.	Derbholzmasse fm	Ausscheid.-Derbholz fm	Derbholzmasse fm	Durchschnitts-Zuwachs fm	Laufender Zuwachs fm	Prozent	Alter
							5
							10
2,2	35		35	2,3			15
					19,8		
2,6	134		134	6,7			20
					35,6		
3,3	280	32	312	12,5		12,4	25
					38,6		
4,1	377	96	505	16,8		7,2	30
					36,6		
4,9	447	113	688	19,7		5,1	35
					34,8		
5,7	501	120	862	21,6		3,9	40
					33,6		
6,5	544	125	1030	22,9		3,2	45
					32,6		
7,3	579	128	1193	23,9		2,6	50
					31,6		
8,1	607	130	1351	24,5		2,3	55
					30,8		
8,9	632	129	1505	25,1		2,0	60
		873					

Klasse II.

Kronendurchm.	Derbholzmasse fm	Ausscheid.-Derbholz fm	Derbholzmasse fm	Durchschnitts-Zuwachs fm	Laufender Zuwachs fm	Prozent	Alter
							5
							10
2,1	13		13	0,9	2,6		15
					13,0		
2,5	78		78	3,9		34,6	20
					27,0		
3,1	197	16	213	8,5		14,1	25
					30,0		
3,8	279	68	363	12,1		8,0	30
					29,0		
4,5	340	64	508	14,5		5,5	35
					28,0		
5,3	388	92	648	16,2		4,2	40
					27,2		
6,0	427	97	784	17,4		3,4	45
					26,4		
6,8	458	101	916	18,3		2,8	50
					25,8		
7,5	483	104	1045	19,0		2,4	55
					25,4		
8,2	504	106	1172	19,5		2,1	60
		668					

8. Englische Lärchen-Ertragstafel,
in deutsche Maße übertragen
1926.

(Allgemeine Forst- und Jagdzeitung 1926, Aprilheft).

Alter	Stammzahl	Stamm-grundfläche	Mittlere Höhe	Mittlerer Durchmesser	Derbholz-Formzahl	Derbholzmasse
		qm	m	cm		fm

Ertragsklasse I (mit 50 Jahren 80 Fuß Höhe).

Alter	Stammzahl	Stammgrundfläche	Mittlere Höhe	Mittlerer Durchmesser	Derbholzformzahl	Derbholzmasse
10			5,4		0,	
20	2220	28,6	12,2	12,9	398	139
30	1285	36,8	17,7	19,4	397	258
40	865	40,9	21,6	24,3	390	346
50	642	43,2	24,4	29,1	386	407
60	507	44,7	26,7	33,1	383	457
70	420	45,9	28,7	37,2	382	502
80	341	46,5	30,5	39,6	382	541

Ertragsklasse II (mit 50 Jahren 70 Fuß Höhe).

Alter	Stammzahl	Stammgrundfläche	Mittlere Höhe	Mittlerer Durchmesser	Derbholzformzahl	Derbholzmasse
10			4,3		0,	
20	2870	24,0	9,6	10,5	348	80
30	1580	33,0	14,1	16,2	387	187
40	1015	38,3	18,6	21,7	382	272
50	766	41,2	21,3	26,7	375	330
60	593	43,2	23,6	30,7	370	379
70	469	44,7	25,8	34,8	368	424
80	408	45,6	27,4	38,0	368	461

Ausscheid. Bestand		Gesamtertrag			Alter
		Derbholz=			
Stammzahl	Derbholzmasse	masse	Durchschnitts-zuwachs	Laufender jährlicher Zuwachs	
	fm	fm	fm	fm	

Rinden-Prozent = 18.

Stammzahl	Derbholzmasse	masse	Durchschnitts-zuwachs	Laufender jährlicher Zuwachs	Alter
					10
		139	7,0		20
935	31	289	9,6	15,0	30
420	41	418	10,5	12,9	40
223	50	529	10,6	11,1	50
135	57	636	10,6	10,7	60
87	55	736	10,5	10,0	70
49	41	816	10,2	8,0	80
	275				

Rinden-Prozent = 19,5.

Stammzahl	Derbholzmasse	masse	Durchschnitts-zuwachs	Laufender jährlicher Zuwachs	Alter
					10
		80	4,0		20
1290	24	211	7,0	13,1	30
565	34	330	8,3	11,9	40
249	41	429	8,6	9,9	50
173	45	523	8,7	9,4	60
124	47	615	8,8	9,2	70
61	37	689	8,6	7,4	80
	228				

Alter	Verbleibender Bestand					
	Stammzahl	Stamm-grundfläche	Mittlere Höhe	Mittlerer Durchmesser	Derbholz-Formzahl	Derbholzmasse
		qm	m	cm		fm

Ertragsklasse III (mit 50 Jahren 60 Fuß Höhe).

Alter	Stammzahl	qm	m	cm	Formzahl	fm
10			3,4			
20			7,9		0,	
30	1975	29,2	12,0	13,7	370	130
40	1260	34,8	15,5	18,6	377	204
50	914	38,6	18,3	23,4	367	259
60	704	41,2	20,6	27,5	362	307
70	544	43,0	22,5	31,5	359	348
80	457	44,4	24,2	35,6	356	383

Ertragsklasse IV (mit 50 Jahren 50 Fuß Höhe),

Alter	Stammzahl	qm	m	cm	Formzahl	fm
10			2,7			
20			6,1		0,	
30	2720	24,5	9,6	10,5	340	80
40	1580	30,7	12,6	16,2	360	146
50	1085	35,1	15,2	20,2	360	192
60	815	38,3	17,5	24,3	353	237
70	630	40,6	19,5	29,1	348	276
80	494	42,1	21,2	32,3	347	309

Ausscheid. Bestand		Gesamtertrag			
Stammzahl	Derbholzmasse	Derbholz-masse	Durchschnitts-zuwachs	Laufender jährlicher Zuwachs	Alter
	fm	fm	fm	fm	

Rinden-Prozent = 21.

Stammzahl	Derbholzmasse fm	masse fm	Durchschnitts-zuwachs fm	Laufender jährlicher Zuwachs fm	Alter
					10
					20
		130	4,3		30
715	27	231	5,8	10,1	40
346	32	318	6,4	8,7	50
210	36	402	6,7	8,4	60
160	38	481	6,9	7,9	70
87	32	548	6,8	6,7	80
	165				

Rinden-Prozent = 22.

Stammzahl	Derbholzmasse fm	masse fm	Durchschnitts-zuwachs fm	Laufender jährlicher Zuwachs fm	Alter
					10
					20
		80	2,7		30
1140	20	160	4,0	8,0	40
495	24	236	4,7	7,6	50
270	28	309	5,2	7,3	60
185	31	379	5,4	7,0	70
136	29	441	5,5	6,2	80
	132				

Lehrbuch der Waldwertrechnung und Forststatik. Von Dr. **Max Endres**, o. ö. Professor an der Universität München. **Vierte**, verbesserte Auflage. Mit 7 Abbildungen. XIV, 326 Seiten. 1923. Gebunden RM. 12,—

Die Berechnung des Waldkapitals und ihr Einfluß auf die Forstwirtschaft in Theorie und Praxis. Von Dr. **Theodor Glaser**, bayr. Forstamtsassessor, Bayreuth. Mit 2 Textfiguren. VII, 131 Seiten. 1912. RM. 5,—

Ertragstafeln für die Weißtanne. Auf Grund des Materials d. bad. forstl. Versuchsstation bearbeitet von Dr. **Fritz Eichhorn**, Ass. d. forstl. Abt. a. d. Technischen Hochschule Karlsruhe. Mit 5 lithographischen Tafeln. VIII, 81 Seiten und 24 Seiten Tabellen 1902. RM. 3,60; gebunden RM. 4,40

Wachstum und Ertrag normaler Rotbuchenbestände. Nach den Aufnahmen der Preuß. Hauptstation des forstl. Versuchswesens bearbeitet von Dr. **Adam Schwappach**, Preuß. Forstmeister, Prof. d. Forstakademie Eberswalde. IV, 104 Seiten. 1893. RM. 3,—

Handbuch der Forstpolitik mit besonderer Berücksichtigung der Gesetzgebung und Statistik. Von Dr. **Max Endres**, o. ö. Professor an der Universität München. **Zweite**, neubearbeitete Auflage. XVI, 906 Seiten. 1922. Gebunden RM. 25,—

Deutsche Waldwirtschaft. Ein Rückblick und Ausblick von Dr. phil. **Erhard Hausendorff**, Preuß. Oberförster in Grimnitz-Uckermark. Mit physiologischen Untersuchungen von Dr. agr. Georg Görz, Diplomlandwirt an der Preußischen Geologischen Landesanstalt, und Dr. phil. Wilh. Benade, Chemiker an der Bodenkundlichen Abteilung der Preußischen Geologischen Landesanstalt. Mit 9 Abbildungen und einer farbigen Tafel. VIII, 90 Seiten. 1927. RM. 4,80

Der Waldbau. Vorlesungen für Hochschulstudenten von Dr. phil. **Alfred Möller**, weiland Professor der Botanik, Oberforstmeister und Direktor der Forstakademie Eberswalde. In zwei Bänden.

I. Band: **Naturwissenschaftliche Grundlagen des Waldbaues.** Nach dem Tode Alfred Möllers bearbeitet und herausgegeben von **Helene Möller** geb. Soenke und Dr. phil. **Erhard Hausendorff**, Preußischem Oberförster in Grimnitz-Uckermark. Mit einem Bildnis, 6 farbigen und 15 schwarzen Tafeln sowie 60 Textabbildungen. XIV, 560 Seiten. 1929. Gebunden RM. 42,—

II. Band: **Angewandter Waldbau.** In Vorbereitung.

Edelrassen des Waldes. Ein Wegweiser zur Zuchtwahl für Forstmänner und Jäger. Ein Führer zur Walderkenntnis für Naturfreunde. Von **Walter Seitz**, Preuß. Forstmeister, Havelberg. Mit 98 Abbildungen auf 51 Tafeln. IV, 64 Seiten. 1927. Gebunden RM. 14,—

Die forstliche Statik. Ein Handbuch für leitende und ausführende Forstwirte sowie zum Studium und Unterricht. Von Geh. Forstrat Dr. **H. Martin**, Professor der Forstwissenschaft i. R. Zweite Auflage. Mit 8 Textabbildungen. XV, 486 Seiten. 1918.　　　　　　　　　　　　　　　　　　　　　RM. 16,—

Die Forsteinrichtung. Von Geh. Forstrat Dr. **H. Martin**, Professor der Forstwissenschaft i. R. Vierte, umgearbeitete und erweiterte Auflage. Mit 5 Textabbildungen und 11 Tafeln. X, 286 Seiten. 1926.　　　　　　　　Gebunden RM. 18,—

Der Dauerwald. Von **Philipp Sieber**, Fürstlich reußischer Forstmeister. XI, 110 Seiten. 1928.　　　　　　RM. 4,20

Der Dauerwaldgedanke. Sein Sinn und seine Bedeutung. Von Professor **Dr. Alfred Möller †**, Preuß. Oberforstmeister und Direktor der Forstakademie zu Eberswalde. II, 84 Seiten. 1922.　　　　　　　　　　　　　　　　　　　　RM. 1,60

Durchforstungs- und Lichtungstafeln. Nach den Normalertragslisten der Deutschen Versuchsanstalten bearbeitet von Dr. **Hemmann**. 35 Seiten. 1913.　　　　　　RM. 2,60

Forstliche Rechenaufgaben. Ein Wiederholungs- und Übungsbuch zur Vorbereitung auf die Jäger- und Försterprüfung. Von **Otto Grothe †**, Forstschullehrer in Spangenberg. Siebente, vermehrte und verbesserte Auflage. Zweiter, unveränderter Neudruck. Mit 89 Textfiguren. IV, 180 Seiten. 1928.　　　　　　　　　　　　　　　　　　　　　　RM. 3,—

Leitfaden der Holzmeßkunde. Von Prof. Dr. **Adam Schwappach**, Geheimer Regierungsrat, Eberswalde. Dritte, umgearbeitete Auflage. Mit 20 Textabbildungen. VI, 147 Seiten. 1923.　　　　　　　　　　　　　　　　　　RM. 5,—

Der Buchenhochwaldbetrieb. Von **C. Frömbling**, Preuß. Forstmeister. IV, 106 Seiten. 1908.　　　RM. 3,60

Maßregeln zur Verhütung von Waldbränden. Von Dr. **M. Kienitz**, Forstmeister, Eberswalde. Mit Textfiguren. 17 Seiten. 1904.　　　　　　　　　　　　　　RM. —,50

Zeitschrift für Forst- und Jagdwesen. Zugleich Organ für forstliches Versuchswesen. Begründet von **Bernhard Danckelmann**. Herausgegeben unter Mitarbeit der Professoren der Forstlichen Hochschulen zu Eberswalde und Hann.-Münden, sowie nach amtlichen Mitteilungen von Professor Dr. **A. Dengler** an der Forstlichen Hochschule zu Eberswalde. Erscheint monatlich im Umfang von etwa 72 Seiten.

　　　　Preis vierteljährlich RM. 6,—; Einzelheft RM. 2,50